本书的成稿得到了山西省高等学校哲学社会科学研究项目"基于'双一流'建设下的高校内部学科间协同创新机制研究"（项目编号：201803082)和山西省哲学社会科学规划课题"山西医药物流低碳配送路径优化研究"资助（课题编号：2020YY127）。

软件老化分析与抗衰研究

闫永权　著

WUHAN UNIVERSITY PRESS
武汉大学出版社

图书在版编目(CIP)数据

软件老化分析与抗衰研究/闫永权著.—武汉：武汉大学出版社，
2021.12
ISBN 978-7-307-22731-6

Ⅰ.软…　Ⅱ.闫…　Ⅲ.软件—老化—防治　Ⅳ.TP31

中国版本图书馆 CIP 数据核字(2021)第 238012 号

责任编辑:陈　红　龚英姿　　　责任校对:李孟潇　　　版式设计:马　佳

出版发行：**武汉大学出版社**　（430072　武昌　珞珈山）
（电子邮箱：cbs22@ whu.edu.cn　网址：www.wdp.com.cn）
印刷:武汉邮科印务有限公司
开本：720×1000　1/16　印张:16.5　字数:266 千字　插页:1
版次:2021 年 12 月第 1 版　　2021 年 12 月第 1 次印刷
ISBN 978-7-307-22731-6　　定价:56.00 元

前　言

软件老化现象指长期运行的软件系统中，出现的状态异常、性能下降、系统宕机、失效等现象。软件老化问题是由软件系统的资源消耗，数据损坏，舍入误差等引起的。软件老化通常表现为：资源泄漏，未结束的线程，数据碎片，未释放的文件连接以及数据库连接等。软件老化问题不仅出现在电信系统、Web 服务器、企业集群、在线事物处理系统、航天系统中，还出现在军用系统中。为解决软件老化引起的问题，Huang 等提出软件抗衰技术：停止软件应用，移除错误的因素，重新启动应用，以使系统恢复到初始正常状态。

本书在对软件老化和抗衰的相关研究进行深入分析的基础上，结合时间序列与机器学习算法，提出一些用于软件老化分析的策略。本书主要工作及创新点有：

(1)针对软件老化中资源消耗的预测精度问题，本书提出使用自回归累积移动平均模型对遭受软件老化影响的 IIS 服务器从两个方面进行资源消耗预测：可用内存与堆内存。由于现实世界中时间序列数据不仅存在线性特征，还存在非线性特征，因此单纯使用线性模型或非线性模型表示资源消耗数据序列都是不合适的。本书提出一个叠加模型的方法用于预测遭受老化影响的软件系统中的资源消耗。叠加模型的构建及运用分为三步：第一步，使用线性模型，自回归累积移动平均模型，拟合资源消耗数据中的线性部分；第二步，使用非线性模型，支持向量回归或人工神经网络拟合残差序列；第三步，将线性和非线性部分进行叠加，并使用叠加模型预测遭受老化影响的软件系统中的资源消耗。通过对 IIS 服务器中的资源消耗进行预测分析，本书发现自回归累积移动平均模型在系统层和应用层的资源消耗预测效果上要好于人工神经网络和支持向量回归，并且提出的叠加模型方法可以很好地捕获资源消耗序列中的线性和非线性特征。

(2)由于直接计算资源耗尽时间会出现大量误判问题，本书提出基于机器学习算法的老化预测框架用于判断软件系统是否出现老化。首先本书对收集的数据进行预处理：从相关研究来看，老化参数的选择问题仍然局限于挑选具体的性能参数或者资源消耗参数，缺少一个对老化参数的定量选择方法，本书提出使用逐步的前向选择算法和逐步的后向选择算法对老化参数进行选择。然后本书使用可选的时间序列算法对老化参数进行预测。之后本书使用分类算法预测软件的老化状态。最后本书使用敏感性分析对特征参数的贡献度进行分析。实验结果表明：在不降低老化判定准确性的情况下，通过使用所提出的特征选择算法，老化预测中所使用参数个数较原始的参数个数减少了91.1%；使用最后15%的数据作为老化状态数据对 IIS 服务器的老化进行预测是合适的；通过敏感性分析，本书发现仅仅使用两个特征参数 usage peak 和 processor time 时，验证集中预测正确率仅仅下降了3.7%，这说明通过使用敏感性分析方法可以在适当降低预测正确率的情况下减小特征参数的个数。

(3)在有关软件老化的研究中，学者往往采用人为加大负载的方法得到资源消耗数据，但对于 Web 服务器中负载参数与资源消耗参数之间的关系却未做分析。本书提出一个分析负载参数与资源消耗参数关系的框架。本书首先使用回归树算法对两类资源消耗数据进行拟合，然后使用皮尔逊相关系数判断负载参数与资源消耗参数之间是否存在相关，之后使用敏感性分析方法分析负载参数对资源消耗参数的影响，最后使用回归树算法对两类资源消耗参数进行预测。实验结果表明：在 Web 服务器中负载参数和资源消耗参数之间存在相关性，使用负载参数得到资源消耗参数是合理的；通过敏感性分析，可以在不增加预测误差的情况下，减小输入参数集中所使用的参数个数。

(4)对于软件老化问题来说，为了验证所提出分类预测算法的有效性，需要将所提出的算法与其他算法的性能进行比较。从目前的研究来看，方差作为一个有效分析算法泛化性能的工具，却并没有被用于分类预测算法的性能分析之中。对此，本书提出了一个分析分类预测错误方差的框架，该框架包含三个部分。首先，针对数据采样过程和数据分割过程对预测的影响，本书提出一个方差分解的方法；其次，本书使用扩展的 Friedman 测试分析数据采样过程对数据分割过程中预测错误方差的影响；再次，本书使用 Nemenyi 事后测试选择一个合适的数据分割过程用于老化状态预测；最后，为了比较在老化预测上分类算法的性能，本书提出一个修正后的 t 检验。在实验中，我们发现，当交叉验证中 k 取 10 时，分类预测错误的方差较小。

（5）针对老化预测问题，为了降低人工神经网络的网络结构复杂度，本书提出基于岭惩罚的人工神经网络用于资源消耗的预测。该方法的运用分为三步：首先，使用异常值识别、处置和归一化方法来对数据进行预处理；其次，构建基于岭惩罚的人工神经网络方法；最后，利用萤火虫群优化方法自动寻找模型参数的最优值。在实验部分，结果表明所提出的算法在两个层面上比其他的方法具有更高的预测精度。

（6）同样，针对老化预测的精度问题，本书提出一种使用受限玻尔兹曼机的深度信念网络方法预测软件老化的资源消耗。首先，通过自组织映射网平滑数据和通过差分方法对数据进行了预处理；其次，本书提出了一种具有两个受限玻尔兹曼机的深度信念网络方法来捕获特征并进行了预测；最后，本书使用萤火虫群优化方法来学习具有两个受限玻尔兹曼机的深度信念网络方法的超参数。在实验中，我们通过两种类型的资源消耗序列的分析验证了所提出方法的有效性。

目　　录

第1章 绪 论

1.1 研究目的和意义

来自 Aberdeen 的一份报告[1]指出：对于电子商务网站，网页载入每延迟一秒将会导致顾客对该网站的访问量下降11%，顾客满意度下降16%，同时商业损失增加7%。即如果一家电子商务网站每天的利润是10万元的话，那么一年的损失将为250万元。如果网站出现宕机问题，那么损失将会更大。

一些研究[2~3]表明软件系统的性能下降或宕机等是由软件老化问题引起的。软件老化现象指长期运行的软件系统中，出现的状态异常、性能下降、系统宕机、失效等现象。软件老化通常表现为：软件系统资源泄漏，如内存泄漏；文件句柄和套接字未释放；进程、线程未结束；碎片问题，如内存碎片、文件系统碎片和数据库碎片；数值累积错误，如舍入误差；数据损坏、文件系统和数据库文件损坏等。Bernstein 等人[4]发现早在19世纪60年代军用系统中就出现了软件老化现象。随着软件开发的规模增大和复杂性的不断增加，软件老化不仅出现在通信系统中，[5]Web 服务器中，[6]云计算系统中，[7]数据库管理系统中，[8]更为严重的是，出现在军用系统——爱国者导弹防御系统中。[9]由于舍入误差的不断累积，系统未有效拦截到敌方导弹，因此造成了28名人员的伤亡。由于传统的容错技术无法避免软件老化现象的出现，为了处理由软件老化引起的一系列问题，Huang 等人[2]提出软件抗衰的方法：通过偶尔或者周期性地清除软件运行中的老化状态，使得软件环境恢复到初始的正常状态。

对于运行中软件系统的状态(正常状态、老化状态、抗衰状态以及失效状态)以及可采取的操作参见图1.1软件老化和抗衰的概率转移模型。在图1.1中，一个运行的软件系统在最初运行时处于正常状态，此时系统可以及时、无错地提供服务；当系统运行一段时间后，由于内存泄漏、内存碎片等问题的影响，系统的状态将进入老化状态，也就是易于失效的状态(从正常状态到老化状态的状态转移概率为 r_2)；当系统处于老化状态时，如果执行抗衰操作，那么系统将处于抗衰状态，并且抗衰操作执行后，系统将恢复到初始的正常状态；如果不执行任何操作，系统将进入失效状态，在此状态下，系统将不能提供服务。在图 1.1中，对于遭受软件老化影响的软件系统来说，如果能够提前预知系统老化状态并选择合适的时机执行抗衰操作将能最大程度地减少意外宕机引起的损失。

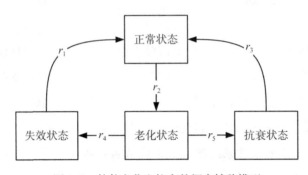

图 1.1　软件老化和抗衰的概率转移模型

自 Huang 等人于 20 世纪 90 年代提出软件老化与软件抗衰的概念后，随着软件老化在不同领域不同类型的软件系统中的暴露以及种种问题的出现，越来越多的学者开始关注软件老化与抗衰问题。经过 20 多年不懈的努力，软件老化与抗衰的知识体系已初步建立，同时越来越多的产业界人士在意识到软件老化引起的严重问题后也开始参与到对软件老化和抗衰的研究之中。

1.2　国内外研究现状及发展趋势

由于遭受老化问题影响的系统种类繁多，系统与系统之间差异很大，因此老化的表现各有不同，抗衰操作也各不相同，本章将从以下几个方面对软件老化和抗衰的研究现状及存在的问题进行分析与总结。

(1)软件老化的成因。

(2)软件老化及抗衰的方法。

(3)识别软件老化的参数。

(4)遭受老化影响的系统。

(5)软件抗衰粒度。

(6)产业界的抗衰。

1.2.1 软件老化的成因

长期运行的软件系统(由系统软件、支撑软件和应用软件等组成的集合)会出现逐步的性能下降(当运行的软件系统处于老化状态时,其表现为软件系统提供的服务速度变慢或者仅提供受限的服务)甚至是突然的服务失效(软件系统提供的服务与其应当提供的服务不一致,如提供不正确的服务或者不提供服务)等现象,而这些现象被称为老化现象。

软件系统中的老化现象是指软件系统本身存在的缺陷被激活,导致系统出现错误状态,当累积的错误状态传递到软件系统提供的服务接口处,被系统外的应用调用所引发的现象。

软件系统中的缺陷指计算机软件中存在的某种破坏系统正常运行能力的问题。Grottke 等人[10~11]按照缺陷发现的难度和缺陷是否可重现的原则将缺陷划分为两类:曼德尔缺陷(Mandelbug)和波尔缺陷(Bohrbug)。曼德尔缺陷指那些很难在开发和测试阶段被发现的缺陷,并且由该类缺陷导致的软件系统性能下降和失效过程很难被重现。波尔缺陷与曼德尔缺陷相反,此类缺陷容易通过形式审查、软件测试等方法被找到,并且该类缺陷在相同的条件下可以被反复激活。本书将与软件老化相关的缺陷称为老化缺陷。与软件老化相关的缺陷通常是曼德尔缺陷。一般情况下软件老化缺陷处于休眠状态,只有当老化缺陷的激活条件得到满足时,该缺陷才会被激活,此时系统的状态将由正常状态转变为老化状态。老化缺陷能否被激活取决于软件系统使用的方式和包含该缺陷的模块被访问的频率。老化缺陷的激活条件可以分为内部老化条件和外部老化条件。内部老化条件:激发老化缺陷的内部条件,例如一个软件系统中内部的函数调用老化缺陷所在的代码,这种调用会激活此老化缺陷。外部老化条件:软件系统的外部环境条件,例如软件系统外的用户或其他外部系统显式调用与老化相关的服务接口,将导致老化缺陷被激活。

　　错误状态是软件系统的一种内部状态，与老化相关的错误状态称为老化错误状态。当老化错误状态出现，此时系统尚能提供一定质量的服务，只有当老化错误状态累积到一定程度时，并且外部应用调用带有错误状态的服务接口时，系统失效等问题才会出现。图 1.2 给出了软件老化失效链示意图。

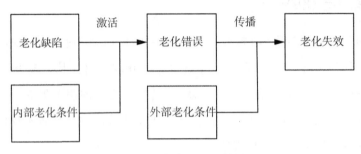

图 1.2　软件老化失效链

1.2.2　软件老化及抗衰的方法

　　当软件系统出现老化问题时，可以通过抗衰操作使软件系统恢复到初始的正常状态。软件抗衰的方法分为两类：基于时间的抗衰方法；基于检测的抗衰方法。

1. 基于时间的抗衰方法

　　基于时间的抗衰方法首先假设系统中已经存在软件老化问题，在此假设条件下，假定系统的运行状态、软件失效分布、修复时间分布等，然后使用选定模型最大化系统可用时间或最小化抗衰代价，在执行抗衰时，按照确定的时间间隔执行抗衰操作。

　　基于时间的抗衰方法按照使用模型的不同还可细分为：

　　(1) Markov 模型及其相应的扩展模型。Huang 等人[2]使用一个四状态(正常状态、老化状态、抗衰状态、失效状态)的连续时间 Markov 模型对软件老化过程进行建模，最大化系统可用时间。此后许多学者使用 Markov 模型或半 Markov 模型对软件老化问题进行了建模。如 Garg 等人[13]使用了非齐次连续时间 Markov 模型(每一个状态的停等时间是非指数分布的)对故障、性能下降时间、瞬时负载、累积平均负载等进行了建模。Okamura 等人[14]首先使用连续时间 Markov 链模型表示服务器的性能下降,然后使用 Markov 模型调制的复合泊松过程表示服务器的响应时间分布。Xie 等人[15]除了在系统层引入抗衰外还在服务层引入抗衰,并使用半 Markov 模型(一个状态到另外一个状态的转移概率不仅与当前的状态有关,还与从一个状态到另外一个状态所花费的时间有关)对老化问题进行了建模。Vaidyanathan 等人[16]使用从 UNIX 操作系统中收集的负载和系统资源数据构造了一个半 Markov 模型,并使用该模型计算了每种资源的耗尽时间,之后将输出结果作为输入计算了可用时间。尽管大部分研究集中于经典的 Markov 模型和半 Markov 模型,但一些扩展的 Markov 模型也被用来研究软件老化过程,如 Okamura 和 Dohi[17]使用部分可观察马尔可夫决策过程(POMDP,该模型假定运行的软件系统的状态信息只有部分可知)最大化系统可用时间。Markov 模型及其扩展模型还被应用于:集群系统中老化建模;[18]研究虚拟机及虚拟机监视器的老化问题;[19~20]描述更加复杂的失效,使用多种失效对系统总的逐步减少的服务率进行建模。[21~22]

(2)Petri 网。Petri 网模型是对离散并行系统的数学表示,适用于描述异步的、并发的计算机系统模型。Petri 网模型能够形象地描述系统的并行性、分布性、不确定性、资源竞争性等。在早期的抗衰中,通常采用此模型或者随机 Petri 网(在 Petri 网的基础上引入了时间参数和随机概念,假定系统在某一状态的驻留时间是一个连续的随机变量)来描述抗衰策略。虽然 Petri 网可以很容易地表示系统变化后的状态,却不容易表示系统中参数值的变化,且在实践中该模型所假定的状态变迁时间往往并不符合指数分布,因此后续又出现了随机 Petri 网、确定与随机 Petri 网、广义随机 Petri 网、马尔可夫再生随机 Petri 网等模型。Wang 等人[23]使用确定和随机 Petri 网(其随机过程为一个 Markov 再生过程)对可变负载下的集群系统的老化问题进行了建模,并且提出了三类抗衰策略:标准抗衰、延时抗衰、混合抗衰。Salfner 和 Wolter[24]使用一个扩展的随机 Perti 网模型评估三个基于时间的抗衰策略,发现当资源使用率低时三个抗衰策略的执行效果都很好,但当资源使用率很高时,所有抗衰策略的执行效果都不好。Andrade 等人[25]

为了便于系统管理员执行抗衰操作提出使用 SysML 半形式化语言描述系统的配置和维护操作，并将随机补偿网抗衰操作与另外两类抗衰操作进行了比较。随着软件系统规模的不断扩大以及复杂度的提高，Petri 网表示的状态空间会随着系统规模的扩大呈现指数型的增长，出现状态空间爆炸问题，这将导致模型难以理解，求解也愈加困难。

(3)其他建模方法。Eto 等人[26] 使用强化学习方法(不需要对系统失效或者性能下降掌握完整的知识)计算最佳抗衰时机。

基于时间的方法往往对系统的状态、负载等进行简单的假设，然而这类简单的假设在一个真实的应用系统中往往很难得到满足，同时在对所提出的模型进行验证时，常常只能采用经验分析或者采用模拟数据来验证所提出模型的有效性，而非使用现实系统中收集的数据进行验证。按照指定的时间间隔执行抗衰对于现实系统，尤其对于实时系统来说并不合适，间隔过小会提前执行抗衰，间隔过大失效出现无法及时执行抗衰。

2. 基于检测的方法

与基于时间的方法中使用的数据不同，基于检测的方法使用的数据往往是真实运行系统中收集的数据(通常是在受控的环境下收集的数据)。基于检测的方法首先通过工具产生负载及负载数据，然后使用数据采集工具[27~30] 收集软件应用系统中的变量参数，即老化参数(与软件老化相关的参数)，之后使用选定的算法对软件老化过程进行建模，来预测软件老化失效的出现时间。基于检测的方法可以分为三类：

(1)时间序列方法。时间序列指将随机事件在不同的时间点上的各个数值，按照时间的先后顺序进行排列而组成的序列。Garg 等人[31] 使用基于 SNMP 协议开发的工具收集了 9 个 UNIX 工作站的系统参数，发现在整个数据收集期间 33%的失效是由资源耗尽引起的，并且提出可以使用 Mann-Kendall 检验法判断软件老化是否出现。趋势检测方法(Mann-Kendall tests 及 Seasonal Kendall tests)常常被用来验证软件中是否存在老化现象。如果数据序列中没有趋势(上升或者下降)存在，则表明不存在老化现象；否则存在老化现象。Machida 等[32] 通过一系列的实验指出 Mann-Kendall 方法在软件老化现象的检测中很容易产生误报问题，使用

Mann-Kendall 方法检测软件老化问题可能并不合适或者说需要多次的实验测试才能够确定老化问题的存在。Li 等人[33]和 Grottke 等人[34]首先在受控的环境中(负载按照指定的分布产生)收集运行的软件系统中的系统资源使用参数,然后对相关参数进行建模并预测,最后使用预测值计算资源耗尽时间。Araujo 等人[35]使用四种时间序列模型——线性模型,二次式模型,指数增长模型,皮尔生长曲线模型,预测了一个云计算平台中的内存消耗。Hoffmann 等人[36]提出了一种用于资源消耗预测的最佳实践指导方法,即通过使用多变量非线性模型预测资源消耗。作者指出在实验中多变量非线性模型预测效果要好于多变量线性模型。时间序列算法还被应用于 Linux 内核代码[37]和 Java 虚拟机[38]的老化问题分析中。

(2)机器学习方法。Cassidy 等人[39]采用模式识别方法分析一个大型在线事物处理系统中共享内存池锁竞争引起的软件老化问题,通过分析系统实际参数值和预测值之间的偏差,发现通过检测偏差可以提前两个小时发现软件老化问题。Alonso 等人[40]使用回归树模型(该模型中每一个节点都是一个系统参数,每一个节点都可以表示为下层节点的线性组合)对一个三层 J2EE 系统进行建模,并使用模型的输出结果计算了系统资源耗尽时间。

(3)基于固定门限值的方法。与前两种方法不同的是,基于固定门限值的方法定义了老化参数的临界值,当被观测的老化参数的值超过预定义的临界值时,将会执行抗衰操作以消除老化引起的问题。Matias 等人[41]将虚拟内存不足作为软件老化标示,通过指定 Apache 服务器的虚拟内存临界值,当监视的虚拟内存值超过指定的临界值时执行抗衰操作。作者在实验中使用了三个可控的负载参数:页大小、页类型(动态或静态)、请求率,来控制 Apache 服务器的内存消耗速度。Silva 等人[42]将响应时间过慢作为老化标志,通过计算虚拟机上的平均响应时间,在此基础上得出一个临界值,一旦监视值超过临界值则在虚拟机上执行抗衰。Araujo 等人[35]对一个云计算平台中的老化问题执行抗衰:首先使用时间序列模型预测资源消耗,然后针对资源消耗定义临界值,当预测值超过临界值时执行抗衰操作。对于基于固定门限值的方法来说,如何找到一个合适的临界值是难点所在,临界值过大可能导致系统长期处于老化状态,临界值过小又会导致系统在正常状态下过早地执行抗衰操作。

基于检测的方法使用受控实验中收集的数据对软件老化进行分析,其优势在于针对特定的系统，能够较为准确地判断软件老化现象是否出现。然而，由于基于检测的方法收集的数据来自特定的软件系统，因此泛化能力较差，例如资源消耗参数在一些研究中[31,43]出现了周期性(但不能就此断言此消耗参数存在周期性)。目前基于检测的方法往往使用时间序列方法预测相关参数，然后使用诸如资源耗尽时间来估计老化时间，但由于系统的老化[13,16,41,44~46]与负载类型和大小等有关，因此很难准确地估计资源耗尽时间。

基于时间的方法使用的数据多来自模拟数据，但是也有一小部分使用了真实的数据，如 Zhao 等人[47]采用 Apache 服务器的数据验证其提出的反向错误传播网络的有效性。同样大部分的基于检测的方法使用的数据来自受控(人为的控制负载大小和类型)实验中通过数据采集工具，如 Monit,[27] Ganglia,[28] Munin,[29] 或者 Nagios[30]采集到的数据；但是也有一小部分采用了模拟数据，如 Kim 等人[48]使用模拟数据评估当网络遭遇拒绝访问攻击时，一个感知器网络中感知器的生存性问题。

从以上的分析可以看到目前软件老化和抗衰的研究重点在抗衰操作的时机选择上，而非抗衰操作的具体执行，即抗衰调度上。

1.2.3　识别软件老化的参数

当长期运行的软件系统出现性能下降、提供错误服务等老化问题时，可以通过对遭受老化影响的软件系统中的相关参数进行分析以识别是否出现软件老化问题。软件老化参数是指那些可以表明运行时的软件系统是否处于老化状态的单个参数或者多个参数。

根据所在系统的层次不同，老化参数可以分为：

(1)系统层的老化参数。系统层的老化参数指为运行在其上的应用系统的运行提供运行平台的那些老化参数，如操作系统、中间件、虚拟机或虚拟监视器等的老化参数。通过此类老化参数，可以评估系统层面的老化现象，而不是某个特定应用的老化现象。此类老化参数包括：物理内存、可用交换分区、CPU 使用率等。

(2)基于特定应用的老化参数。此类参数指能够表明特定应用是否处于老化状态的参数，如 Java 堆内存、Apache 子进程数等。

根据表现形式不同，老化参数又可以分为资源消耗参数和性能参数。

(1)资源消耗参数。主要分为内存消耗参数和其他资源消耗参数。

①内存消耗参数。Garg 等人[31]指出在系统资源中可用内存的耗尽会导致软件老化问题的出现。此后，许多针对软件老化和抗衰的研究使用可用内存参数[33,49]作为时间序列、统计模型等的输入，用于构造老化和抗衰模型。

②其他资源消耗参数。除了内存参数外，资源消耗参数还包含一些其他参数：与文件相关的资源参数，例如，流描述符和文件句柄，[31,50~51]物理存储空间;[52]与网络相关的资源，如套接字描述符;[50]与并发性相关的资源，如锁，线程，进程等;[31,51]与特定应用相关的资源，如数据库管理系统共享池锁;[39]Web 服务器中的资源消耗参数，如堆内存。[53~55]

(2)性能参数。软件系统性能下降的原因是系统运行时与服务相关的资源被耗尽，例如由于内存管理机制存在缺陷，随着时间的增加系统所需的物理内存越来越多(与负载无关)，这种持续增加的物理内存需求最终导致物理内存被耗尽，同时还导致系统性能下降。[56~57]对于 Web 应用和服务[33,41,58]以及基于 CORBA 的应用[56]来说，响应时间和吞吐率常被作为老化性能参数，用于判断老化问题是否出现。

除了以上参数可以作为老化参数外，不正确的 API 调用等也可作为软件老化标志。如 Zhang 等人[51]通过监视 API 调用，发现 Java I/O 中存在软件老化现象。Garg 等人[31]不仅收集了 UNIX 工作站中的交换空间参数，还收集了操作系统内核、硬盘、文件系统、网络等参数信息，并且发现老化现象与进程表大小和文件表大小有关。

软件老化除了体现为系统逐步的性能下降和意外的停止服务外，累积的数值错误[3]也是软件老化现象的一种表现。累积的数值错误不仅与系统的设计缺陷有关，还与浮点运算中的内存分配算法有关，目前还没有与之对应的老化参数可用于检测此类软件老化问题。

此外，有一类应用系统[59]的老化现象是与老化缺陷无关的。如 Oracle 数据库管理系统，对于该系统可以通过表空间的碎片值(与老化缺陷无关)来判断系统是否处于老化状态。

从相关的文献来看，大部分的研究将资源消耗参数和性能参数作为老化参数来判断运行的软件系统中是否存在老化问题。

1.2.4　遭受老化影响的系统

遭受软件老化影响的系统按照系统类型可以分为三类：安全性系统，非安全性系统，未指定系统。

安全性系统指在系统运行过程中，如果出现性能下降或者非预期的宕机会导致重大经济损失，甚至生命损失的系统。安全性系统包括军用系统，航空航天系统等。非安全性系统指系统运行过程中出现性能下降不会造成重大经济损失及生命损失的系统，这类系统包括一些商业系统。未指定系统指那些使用模拟数据或者通过数值举例来证明所使用老化和抗衰方法有效的系统。

表1.1给出了针对三类系统的研究在相关文献中所占的大致比例。

表 1.1　　　　　　　针对三类系统的研究在相关文献中所占的大致比例

安全性系统	非安全性系统	未指定系统
6%	55%	39%

从表1.1中可以发现，针对安全性系统的研究只占到很小一部分，而针对非安全性系统的研究占据一半以上的比例。这是因为安全性系统往往经过了严格的设计开发与测试。但即便如此，其仍然会存在软件老化问题。

1. 安全性系统

由于安全性系统经过了严格的开发与测试，因此涉及此类老化问题的相关研究文献较少。Grottke 等人[3]发现在爱国者导弹系统中，存在舍入误差引起的老化失效，而解决这个问题的办法只有：通过每隔几个小时重新启动系统来清除由累积舍入误差引发的老化。Tai 等人[60]于 1999 年首次对美国航空航天局 X2000 计算系统(航空航天系统)中的老化问题进行了描述。Grottke 等人[61]对 18 个 JPL/NASA 空间任务中的缺陷进行了分析，并且研究了缺陷类型是如何随时间而演化的。

2. 非安全性系统

非安全性系统中，最早的关于通信系统的软件老化问题的报道来自美国电话电报公司。Balakrishnan 等人[62]于 1997 年分析了通信收费应用系统和交换机软件中的老化问题。Liu 等人[63~64]针对一个电缆调制解调器终端系统提出了主动抗衰维护技术。Okamura 等人[65]假设服务请求的到来服从 Markov 调制泊松过程，对一个通信系统的可信性能进行了评估。

关于操作系统的软件老化研究最早来自对 UNIX 操作系统中出现的老化问题的研究，在之后的多年内陆续出现了对 Linux 系统，[37,49,66~67] Solaris 系统，[68] Windows NT 系统，[69]和 Android 系统[70]老化问题的研究。对于 DNS 服务器的老化问题的研究主要集中在：通过抗衰阻止与安全有关的失效[71]和检测由安全缺陷引起的老化[72]问题上。

针对 Web 服务系统的研究集中于 Apache Web 服务器，这类研究主要采用基于检测的方法研究 Web 服务的老化问题。这些研究[32~33,41,46]首先从 Apache 服务器上收集资源使用参数(如内存消耗、交换空间、缓存使用等)和性能参数(如响应时间)，然后使用收集的数据集训练模型，最后使用训练后的模型预测资源消耗。

云计算平台的老化问题是软件老化问题的一个新兴的研究方向。最初的关于云计算平台的软件老化问题的研究方向集中于虚拟机和虚拟机监视器的重启和抗衰，这部分研究既有基于时间的方法研究，[73]也有基于检测的方法研究。[20,35]

3. 未指定系统

在表 1.1 中，针对未指定系统的研究占到了 39%，这类研究并没有使用真实系统中采集到的数据，而是采用模拟数据或者数值举例等方法证明所提出方法的有效性。

1.2.5 软件抗衰粒度

软件抗衰粒度指从何种层次上对软件执行抗衰，以及执行抗衰操作时所影响的范围。按照应用系统的特点抗衰粒度分为三类：一般应用的抗衰；针对特定应用的抗衰(利用特定应用的特点执行抗衰);未指定的抗衰(抗衰未明确应用于某个或某类应用系统)。

1. 一般应用的抗衰

又可细分为:操作系统重新启动,应用重新启动,虚拟机和虚拟机监视器重新启动,集群抗衰等。

(1)操作系统重新启动。通过重启操作系统(硬件重新启动,引导加载程序,加载内核,重新加载所有用户应用)执行抗衰,操作系统重启后其上的所有应用将释放自身所占的资源。通过无效化 Linux 和 Solaris 操作系统的主存[74~75]并且从入口点重新启动操作系统,可以减少硬件重启带来的额外时间损耗。随着操作系统的重新启动,重启操作系统对于其上的应用来说会带来性能损失问题:缓存的内容被清空了,而缓存能加快其上应用对于文件的访问速度。为解决这一性能损失问题,Kourai[76]提出了一种被称为缓存热启动的技术:首先保存缓存的内容,当操作系统重新启动后再加载缓存的内容。然而这种技术需要处理文件缓存与硬盘上的内容不一致的问题(文件内容在主存上被修改了,但在重启之前未写入物理硬盘)。Bovenzi 等[67]针对 Linux 操作系统的抗衰操作引起的性能损失问题,提出了一种快速重启(基于阶段和 Kexec 的重启)操作系统的抗衰方法。

(2)应用重新启动。即通过重新启动整个应用执行抗衰操作,[2]执行完此类抗衰后,应用的状态会恢复到初始正常状态。应用重新启动的抗衰机制会使整个应用进入最开始的状态,这种抗衰操作不会影响到该软件所处的环境,即其下的操作系统和同级的应用。

(3)虚拟机和虚拟机监视器重新启动。虚拟机和虚拟机监视器的重新启动是指抗衰在虚拟层中进行,通过重启虚拟机监视器或者虚拟机达到软件抗衰的目的。为了解操作系统重新启动引起的应用性能损失问题,Kourai[20,22]提出使用虚拟机技术使操作系统运行在一个虚拟机中,并在虚拟机监视器里保存操作系统重启之前的文件缓存状态,当虚拟机中的操作系统重启后,重新加载虚拟机监视器里保存的缓存内容。虚拟机重启又可分为:冷的虚拟机抗衰和热的虚拟机抗衰。在冷的虚拟机抗衰中,当虚拟机监视器执行抗衰操作时,其上的虚拟机也被重新启动了。在热的虚拟机抗衰中,每一个虚拟机(虚拟机及其内的操作系统、应用系统)都被存储到了永久的介质中，当虚拟机监视器被重新启动后，虚拟机被重新加载，这样就减少了重新启动虚拟机和其上服务的停机时间，这类抗衰可以通过内存挂起的机制将虚拟机的内存映像保存到硬盘中。Machida 等人[77]为了减少虚拟机重启带来的停机等待问题，提出当虚拟机监视器执行抗衰时，将虚拟机迁移到另外一个主机上，这样当虚拟机监视器执行抗衰时，此虚拟机仍然可以提供服务。但是这种方法受限于其他主机的性能，如果其他主机接受虚拟机映像的速度慢，那么当该虚拟机停止服务后，其他主机就不能立刻提供服务。

(4)集群抗衰。集群系统(由一些提供相同服务的软硬件系统组成)的抗衰是指通过对集群系统中一个遭受老化影响的系统执行抗衰操作，在抗衰操作执行期间，其他备用系统处于运行状态，负载也被重定向到这些系统上[18,78~79]以继续提供服务。Park 等人[80]使用双机热备技术执行抗衰：当其中一台服务器执行抗衰时，负载将转到另外的服务器上。Silva 等人[42,81]提出了基于虚拟技术的集群抗衰框架，该框架包含：一个负载均衡器；双机热备(主备方式)。负载均衡器用于将负载定向到服务器并且监视主服务器中的老化现象(当某些老化参数低于指定值时，表明老化问题出现)，当主服务器执行抗衰时，新的请求将被发送到备用服务器上，同时备用服务器将会加载主服务器中被保存的会话数据等信息。

Alonso 等人[82]首先在运行软件的应用层中注入内存泄漏，然后对六类不同抗衰：物理节点重启，虚拟机重启，操作系统重启，快速操作系统重启，应用程序重新启动，带有双机热备的应用程序启动，从吞吐量、失败的请求、延迟的请求、内存碎片几方面就性能损失进行了评价。作者发现软件抗衰带来的开销大小与抗衰的粒度直接相关。

2. 针对特定应用的抗衰

与一般应用抗衰不同的是，该抗衰利用软件应用系统本身的特性：软件的架构、特定的资源类型等，来减小执行抗衰的代价。该类型的抗衰包括：

(1)基于组件的系统的抗衰。对于组件的抗衰来说，组件之间的重启相关度(一个组件的重启可能导致其他组件的状态出现错误)以及重启树的构建是两大关键问题。与基于整个应用的抗衰相比，基于组件的抗衰只重启应用的一部分。例如，当 Apache 服务器中的子进程服务的请求达到一定的数目或者用户结束了该子进程，此时主进程将会产生一个新的子进程用来接收用户请求，[33,83~84]而非重新启动整个 Apache 服务器。Candea 等人[85~86]提出了软件的微启动概念(快速重启一个部件而不影响系统中的其他部分)，重新启动个体 JavaBean，并将这种方法成功地应用于一个 J2EE 应用。微启动即建立一棵重启树，此树中的各个节点是可以独立重启的进程或者应用。当需要执行重启操作时，从重启树的底层节点开始重启，如果系统还不能恢复到初始的正常状态，那么则重启重启树的上一层节点。微启动要求软件在开发时要遵循组件之间松耦合原则。如果组件之间不存在松耦合的关系，则需要重新开发系统才能进行微启动。然而现有的软件系统大部分都不符合松耦合的原则。

(2)嵌入式系统的抗衰。Sundaram 等人[87]提出在多任务嵌入式系统中使用微抗衰的方法处理老化问题。此方法使用了一种被称为共享补充内存的技术：当应用系统使用的堆内存或栈内存超过了预先给定的门限值，新增的内存将来自共享补充内存。当共享补充内存的使用率超过预先给定门限值时，将在共享补充内存上执行抗衰操作，通过此方法可以增加嵌入式系统的可靠性，延长可用时间。

(3)有状态的分布式系统的抗衰。传统的基于分布式系统的抗衰通常是一种无状态的抗衰：当一个节点执行抗衰操作时，负载将转到其他节点上执行而不考虑之前的会话状态。但这种抗衰策略对于有状态的分布式系统应用来说并不适用，因为该策略可能会导致节点间状态出现不一致。Tai 等人[88]提出使用一个并发的控制协议去保证节点之间的最终一致性而非瞬时一致性。当一个节点执行抗衰时，负载将会被保存在缓存中，并且通过一个专用的节点将此负载在所有的分布式节点中传播，这样最终所有节点的状态将会保持一致。

(4)数据库管理系统的抗衰。由于共享池锁的竞争[39,52](同步机制导致访问共享内存的时间越来越长)，数据库管理系统中也出现了软件老化问题。这种老化问题是共享内存的耗尽或者过多的碎片造成的，通过刷新共享内存区域的方式可以减轻老化问题带来的影响。Bobbio 等人[89]发现随着重做日志文件的不断增长，数据库管理系统所占的硬盘资源将被耗尽。其提出的抗衰办法很简单：将重做日志文件转移到另外一块硬盘上。

(5)编程语言上的抗衰。一些编程语言，如 C#和 Java 通过垃圾回收机制执行抗衰以避免内存泄漏。但是垃圾回收机制并不能完全避免内存泄漏。Bond 和

McKinley[90]提出使用 Melt 方法，将检测到的不可访问的对象转移到硬盘上同时释放这些对象占有的内存，但这种方法只是延长了系统的可用时间，并不能从根本上解决老化问题。Gama 和 Donsez[91]通过使用面向方面编程技术跟踪那些在 OSGi Web 应用中未使用的对象。Jeong 等人[92]提出使用 kernel-assisted leak toleration（KAL）模式来回收 C/C++程序中泄漏的内存：KAL 获取正在运行应用的内存情况，分析获得的内存快照，确定内存泄漏的位置，并调用标准内存管理程序回收内存。

3. 未指定的抗衰

这类抗衰策略并未应用于任何一种现实系统，仅从理论上具备可行性，关于这类抗衰的研究大部分集中于基于时间的老化和抗衰研究上。[21,89,94~95]

一般应用的抗衰并不使用应用本身的特性，而是依赖于重启操作系统、应用系统等，重启后系统恢复到初始的正常状态。在针对特定应用的抗衰研究中有相当一部分是对 Apache Web 服务器的抗衰进行研究，而对其他 Web 服务器的抗衰研究则很少。由于基于状态分布式系统应用的抗衰需要保存相应应用的状态同时避免与老化相关的错误状态被保存进去，因此较无状态的分布式系统应用的抗衰更为复杂，关于此方面的研究相对于无状态的分布式系统应用的抗衰研究较少，这类有状态分布式系统的抗衰在将来的研究工作中将是一个值得深入的方向。关于未指定的抗衰的研究主要集中在基于时间的老化和抗衰研究中，未指定的抗衰往往采用模拟数据或者数值举例来验证其所提方法的有效性。需要说明的是，无论是一般应用的抗衰还是针对特定应用的抗衰，这些抗衰研究的重点在于找到一个合适的抗衰时机而非设计抗衰操作的执行步骤。

1.2.6　产业界的抗衰

产业界[96]主要针对产品中出现的软件老化问题进行了抗衰处理，本书将根据不同的产品进行说明：

（1）Alcatel-Lucent 交换机。Alcatel-Lucent[97]在其交换机产品 OmniSwitch 中采用了自动主动的机制处理老化问题，这种方法允许交换机按照预先配置的时间自动进行重新启动，以消除老化的影响。

（2）Avaya 服务器和媒体网关。Avaya 在其服务器和媒体网关中使用不同的逐步升级的机制执行抗衰。[98]

（3）Apache Web 服务器。Apache 配置每个子进程能够处理的最大请求数，当服务请求数目达到最大请求数时，Apache 会结束子进程，同时创建新的子进程以处理新到来的请求。[99]

（4）IBM-Tivoli IBM x 系列。IBM x 系列[100]的设计者提出了一种软件抗衰解决方法：监视系统的资源，估计资源耗尽时间，并在不同粒度上执行抗衰操作，如应用、进程组、操作系统等。

（5）Microsoft IIS Web 服务器。因特网信息服务[101]（IIS）采用一种类似 Apache 抗衰策略的工作回收机制执行抗衰。与 Apache 的不同之处在于，IIS 在回收机制中可以使用两种方法：按照预先定义的时间间隔；按照事先指定的门限值，如请求数、虚拟内存使用限制、已用内存，执行抗衰。同时也可由 Web 应用程序或者管理员根据需要主动进行抗衰操作（回收应用程序池）。

（6）Oracle 数据库管理系统。Oracle 数据库管理系统通过回收、重启数据库常驻连接池中的连接执行抗衰。[102]例如，可以指定连接被调用的次数，当达到此数目时，回收连接池。

（7）JBoss Web 应用服务器。JBoss Web 应用服务通过阻止数据库连接池的泄漏执行软件抗衰操作。当 JBoss 上的 Web 应用没有显式地关闭数据库连接，随着未关闭数据库连接的不断累积，连接池中资源最终会被耗尽，从而导致泄漏问题的出现。为了避免此种情形发生，JBoss 执行一种策略以减轻数据库连接泄漏的后果：JBoss 会主动地处理那些已经不被使用但未关闭的数据库连接，连接是否已不被使用是基于此连接的空闲时间而判定。[103]

1.3　软件老化和抗衰研究的必要性

随着计算系统成本的下降，计算能力的提高，计算机系统逐渐应用于人们生活的方方面面。在满足用户需要的同时，随着其复杂程度的不断提高，其中的缺陷也越来越多。而这些老化缺陷一旦激活便会导致系统性能的逐步下降甚至突然的失效，这种现象就称为软件老化现象。为了处理软件老化带来的问题，需要通过执行软件抗衰使软件系统从老化状态恢复到初始的正常状态。关于软件老化和抗衰研究的必要性，本书总结了以下几点：

1. 软件失效会带来重大的损失，甚至生命的代价

由于计算机系统中的运算错误，Ariane 5 在发射数秒后发生了爆炸，损失超过 1 亿美元。[104]第一次海湾战争中，由于爱国者导弹系统中舍入误差的不断累积，系统未有效拦截到敌方导弹，造成了 28 名人员的伤亡。[105]在 1985—1987年，由于 Therac-25 放射治疗机内的计算系统失效，至少 6 名患者被注入了过量的辐射，最终死亡或重伤。[106]

2. 传统的容错技术[107]并不能避免老化问题的出现

对于软件故障来说，容错技术往往使用不同的设计、不同的方法[108]实现相同的功能，并通过投票等机制决定输出的结果，然而这种方法并不能消除老化缺陷，随着多系统的运行，老化问题将更加严重。

3. 对遭受软件老化影响的软件系统中的相关资源进行预测，可以提高抗衰的效率和准确性

在软件系统中，提前对资源进行预测可以提高抗衰的效率和准确性。当一个大型的系统出现意外的服务停止、崩溃时，对于管理者和用户来说，更希望能够快速地将系统恢复到初始的正常状态，而通过对资源的预测可以提前获取系统的状态，从而根据系统的状态选择一个合适的时机执行抗衰。

4. 适当执行抗衰可以提高系统的可靠性

平均失效时间(mean time to failure，MTTF)作为可靠性标准，用于衡量一个软件系统的可靠程度。MTTF 值越大，表明系统可靠性越高。为了增加系统的可靠性，在抗衰概念提出之前学者往往采用容错技术来增加系统的可靠性，但采用容错技术不能清除软件中存在的缺陷，反而会因为容错技术(多版本容错)的使用导致系统中缺陷数目增加，从而导致老化更早出现。如果能够提前预知系统的状态，并且选择一个合适的时间执行抗衰则可以大幅提高软件的可

靠性。

5. 提前预知系统的状态可以提高系统的可用性

软件的可用性作为软件可信属性之一，可以表示为：MTTF/（MTTR+MTTF），其中 MTTR（mean time to repear）表示平均恢复时间，比值越大，表明可用性越高。由软件可用性的公式可知，为了提高可用性，要么增加 MTTF，要么减少 MTTR。一般情况下，在软件系统失效前的一段时间系统会出现性能下降等问题，这段时间称为系统等待恢复时间（mean time to wait recovery，MTTWR）；如果失效出现后，管理人员没有立即执行重启等操作，那么还需要加入系统反应时间（mean time to act recovery，MTTAR）；如果需要恢复丢失的数据或事务，还应加入数据恢复时间（mean time to restore data，MTTRD）。如果考虑等待恢复时间、系统反应时间以及数据恢复时间，那么可用性的公式可以表示为：（MTTF−MTTWR）/（MTTR+MTTF+MTTAR+MTTRD）。通过执行抗衰可以增加系统的可用性；通过提前对系统的状态进行预测，可以减少等待恢复时间、系统反应时间以及数据恢复时间，增加系统的可用性。

6. Web 服务器负载的周期性不明显

随着互联网的逐步普及，人们对于万维网的访问已不存在明显的周期性特征，因此 Web 服务器运行过程中负载的变化也没有了周期性特征，这种情况导致了按照指定的时间间隔执行抗衰已不合适。如果选择的时间间隔过大则起不到抗衰的作用；如果指定的时间间隔过小，则加大了抗衰的代价。

7. 有助于提高用户体验

用户在使用软件服务时，如果遇到软件服务失效，会影响体验。对于软件系统的管理者来说，如果能够提醒其服务存在失效问题，使其可在适当的时机重启某些服务，那么就可以有效地降低由可能的服务失效带来的用户体验下降问题。同时有计划地执行抗衰操作，还可以避免服务失效导致的数据丢失、文件损坏等问题。

1.4 软件老化和抗衰研究中存在的问题

软件老化和抗衰是随着计算机与网络技术发展衍生出的一个新的研究方向，涉及性能检测、故障诊断、可靠性、可用性等多方面技术。目前学术界普遍认为各类资源的消耗是造成老化问题出现的主要原因。尽管通过对资源占用等方面的检测可以评估一个系统当前的运行情况，然而要完成软件抗衰还有以下问题需要解决。

1. 系统中老化参数的确定

对于软件抗衰来说，如何确定老化参数是一个需要重点解决的问题。目前的研究往往使用资源消耗参数和性能参数作为老化参数。老化往往是在一种或多种资源消耗共同影响下出现的。对于软件应用来说，出现老化后，各种资源消耗的程度是不同的，甚至可能会出现即使每类资源的消耗都不严重，性能仍然下降的现象，因此如何在不同的运行环境下选择一个合适的老化参数子集是一个需要考虑的问题。

2. 如何提高老化参数的预测精度

在确定老化参数后，为了能够提前预知系统的状态，下一步需要对老化参数进行预测，而目前针对系统中的资源消耗参数(老化参数的一种)的计算往往采用单一的线性或者非线性的方法，因此如何提高资源消耗的预测精度是一个值得研究的问题。

3. 老化状态的确定

由于软件老化往往是多方面因素共同作用的结果，因此很难通过单一的因素判断系统的状态，如何通过多个老化参数合理地判断软件状态也是一个需要考虑的问题。

4. 抗衰策略的选取问题

目前抗衰策略大致可以分为基于时间的抗衰策略和基于检测的抗衰策略。其中基于时间的抗衰策略往往采用 Markov 等模型对老化状态进行建模，在抗衰时按照指定的时间间隔执行抗衰，抗衰策略较为保守；基于检测的抗衰策略使用采集到的资源参数对老化过程进行建模，使用资源耗尽时间或者响应时间等作为判定系统是否出现老化的依据，据此执行抗衰，因此在抗衰上较基于时间的策略更准确，但会导致较大的计算成本。因此在某些情况下，如何综合使用两种抗衰策略是一个值得考虑的问题。

5. 新出现的软件系统的老化问题

随着新技术的不断出现，新的软件系统中也出现了老化问题，如云计算平台、Android 系统，对于此类系统如何找到一个合适的老化参数、选择一个合适的抗衰策略，同时如何对那些由舍入误差造成的老化进行检测也是我们需要考虑的问题。

6. 抗衰粒度的选择问题

可以按照不同的粒度对软件系统执行抗衰，但如果粒度过大，则受抗衰影响的应用较多，如果抗衰粒度过小，那么现有的系统必须重新改造，成本变大。因此如何针对不同应用的特点选择一个合适的抗衰粒度也是值得考虑的问题。

7. 抗衰频率选择的问题

在以往的研究中，收集的抗衰数据往往是受控环境下的监测数据，甚至是一些模拟数据，而非真实运行环境中的数据，因此使用此类数据不能反映系统真实的运行情况，会造成抗衰过于频繁或者抗衰不足问题的出现。如果抗衰过于频繁，系统经常进行抗衰操作，则会降低用户体验感。如果抗衰不足，则不能保证系统状态处于正常状态，甚至可能发生服务失效问题，同样也会造成用户体验感下降。

8. 系统失效导致的失效成本问题

在以往的研究工作中，失效导致的宕机问题产生的成本被认为是单位宕机成本与宕机时间的乘积，然而对于实际运行的系统来说，宕机成本与时间并非呈线性关系。例如对于一个商业应用来说，几分钟的宕机可能不会导致什么损失，但是几小时的宕机却会导致重大损失；对于 Web 应用来说，凌晨的宕机可能不会导致损失，然而工作时间的宕机，即使是几分钟也可能导致重大损失。因此如何合理地表示宕机成本是一个需要考虑的问题。

9. 性能下降引起的成本计算问题

以往的研究在计算老化问题引起的成本时，只考虑宕机问题引起的成本，而不考虑性能下降引起的成本，这种计算方式对于计算软件老化的成本来说是片面的。

10. 算法评价问题

从目前的研究来看，在对算法的性能进行评价时，学者们往往采用简单的评价方法，如平均绝对误差、错误率等，而没有采用偏差/方差对算法的性能进行评价。同时也没有就两类影响因素：数据采样过程和数据分割过程，对老化预测的影响进行分析。

此外，随着计算机应用和网络不断深入到人们的日常生活中，Web 服务器中的老化问题成为了一个不可忽视的重要问题，然而目前的研究集中于对 Apache 服务器的老化问题进行分析，而对 IIS 服务器的老化问题却并未涉及。本书对 IIS 服务器中出现的老化问题进行研究与分析，主要从老化参数的选择、老化参数的预测精度、老化状态的确定、老化门限值的选择、预测错误的方差等方面进行分析。

1.5 本书主要内容与创新点

本书内容组织如下：

第一章对软件老化和抗衰的国内外研究现状进行了分析、总结和展望。

第二章中首先使用滑动窗口算法判断资源消耗的趋势以确定老化的出现，然后使用自回归累积移动平均模型从两个层面对受老化影响的 IIS 服务器中的资源消耗进行了预测，最后使用多门限值时间段抗衰算法寻找抗衰时机。

第三章中针对第二章中资源消耗的预测精度问题，提出了一个叠加模型方法用于改进资源消耗的预测精度。模型的构建及运用分为三步：使用线性模型拟合原始数据序列；使用非线性模型拟合残差序列；将线性和非线性部分进行叠加，使用叠加模型预测资源消耗。实验结果表明本书提出的叠加模型在预测精度上要好于单一模型。

第四章中，针对资源消耗的预测精度问题，提出了一种混合模型方法。首先，采用线性方法拟合资源消耗序列中的线性结构；然后，采用非线性方法对残差线性结构和非线性结构进行拟合；最后，利用训练出的模型对资源消耗进行预测。

第五章中提出了一个基于机器学习算法的软件老化预测框架，包括：数据预处理；资源消耗趋势判断；特征选择；使用可选的时间序列等方法拟合所选特征；利用机器学习算法建立预测模型；敏感性分析。实验结果表明，使用所提出的框架可以预测出 IIS 服务器中出现的老化问题。

第六章中，我们首先分析了负载参数和资源消耗参数之间的相关性，然后使用敏感性分析方法分析当负载参数被移除时，资源消耗参数的变化，最后通过使用回归树模型拟合资源消耗参数。在实验中，我们发现负载参数和资源消耗参数存在线性相关，因此通过负载参数获得资源消耗老化参数是合理的；并且在不增大预测误差的情况下，通过使用敏感性分析方法可以减小输入参数个数。

第七章中，针对分类预测中的算法性能评价问题，本书首先提出了一个方差分解的方法，然后使用扩展的 Friedman 和 Nemenyi 测试分析两类影响因素：数据采样过程和数据分割过程，对分类预测的影响，最后提出了一个修正的 t 检验用于比较两个分类算法的性能。

第八章中，针对时间序列数据的算法预测性能评价问题，基于方差分析的方法，进行了算法性能的评估。

第九章中，针对人工神经网络的预测精度问题，一方面提出了一种带有岭的人工神经网络方法，以提高软件老化问题的预测性能并降低网络的复杂度；另一方面使用萤火虫群优化方法搜索网络的最佳参数值。

第十章中，为了解决人工神经网络不适定的问题，使用了一种平滑的方法来对原始数据进行预处理；然后，引入了带有两个受限玻尔兹曼机的修正深度信念网络以学习预处理数据的特征；最后，提出了一种自动选择超参数的方法。

本书在以下几个方面具有创新性：

(1)针对资源消耗预测中的预测精度问题，本书提出使用 ARIMA 模型对遭受软件老化影响的 IIS 服务器从两个方面进行资源消耗预测：可用内存与堆内存。然而由于现实世界中时间序列数据不仅存在线性特征还存在非线性特征，因此单纯使用线性模型或非线性模型表示资源消耗数据序列都是不合适的。本书提出了一个叠加模型方法用于预测遭受老化影响的软件系统中的资源消耗。

(2)通过实验我们发现单纯使用资源耗尽数据判断软件老化并不准确，因此本书提出基于机器学习算法的老化预测框架用于判断软件系统是否出现老化。首先本书对收集的数据进行预处理。从相关研究来看，老化参数的选择问题仍然局限于对性能参数或者资源消耗参数的具体选择上，缺少一个对老化参数的定量选择方法。本书提出使用逐步的前向选择算法和逐步的后向选择算法对老化参数进行选择。然后本书使用可选的时间序列算法对老化参数进行预测。之后本书使用支持向量机、人工神经网络、决策树算法预测软件的老化状态。最后本书使用敏感性分析对特征参数的贡献进行分析。

(3)在关于软件老化的研究中，学者们往往采用人为加大负载的方法来尽快获得资源消耗数据，然而却未对 Web 服务器中负载参数与资源消耗参数之间的相关关系进行分析。本书提出一个分析负载参数与资源消耗参数关系的框架。本书首先使用皮尔逊相关系数判断负载参数与资源消耗参数之间是否存在相关；之后使用敏感性分析方法分析负载参数变化对资源消耗参数的影响；最后使用回归树算法对两类资源消耗参数进行了预测。

(4)针对软件老化状态预测中分类器的性能评价问题，本书提出了一个方差分解的方法，并采用此方法对三类影响因素进行了分析。

(5)针对人工神经网络的预测精度问题，提出基于岭的人工神经网络方法用于软件老化的预测。

(6)针对人工神经网络的不适定问题，提出基于修正后深度信念网络框架用于软件老化问题的分析。

第2章　基于 ARIMA 模型的软件老化 和抗衰分析框架

通过抗衰操作可以消除软件老化的影响，然而对一个运行的软件系统执行抗衰操作可能会导致直接和间接的损失。为了减少由抗衰操作引起的损失问题需要预先找到一个合适的时机执行抗衰操作，而这往往取决于能否对系统状态进行准确预测。如果能够提前预知系统的状态，就可以更好地选择抗衰的时机，减小执行抗衰操作的代价。

本章提出了基于 ARIMA 模型的软件老化和抗衰分析框架，用于 IIS 服务器中的老化和抗衰分析。为了预知系统的状态，本书采用时间序列算法中的一种——ARIMA，对遭受老化影响的软件系统中的资源消耗进行预测。时间序列即将随机事件在不同的时间点上的各个数值，按照时间的先后顺序进行排列而组成的序列。时间序列也称为时间数列、历史复数或动态数列。通过使用时间序列方法，可以对收集的单变量数据(按时间先后顺序排列所形成的数列)进行分析，从而反映出数据存在的方向和趋势，同时还可以对单变量数据的值进行预测。当没有一个合适的数学模型能用于分析变量与其他变量之间的关系时，时间序列方法将特别有效。

时间序列方法可以分为两类：线性预测方法和非线性预测方法。其中线性预测方法(将来值是过去值的线性函数)，包括自回归累积移动平均模型(autoregressive integrated moving average model，ARIMA)、指数平滑法(exponential smoothing)等；非线性方法包括双线性模型(bilinear model)、门限自回归模型(threshold autoregressive model)、自回归条件异方差模型(autoregressive conditional heteroskedasticity model)、广义自回归条件异方差(generalized autoregressive conditional heteroskedasticity)、人工神经网络(artificial neural network)、广义回归

神经网络（general regression neural network）、支持向量机（support vector machine）等。

使用 ARIMA 模型预测资源消耗的利弊在于[109]——在某些情况下 ARIMA 比人工神经网络、支持向量回归模型预测效果要好，尽管在另外一些情况下，如出现离群点、多重共线性时，人工神经网络、[110]支持向量回归[111]模型比 ARIMA 的预测效果要好。

在对软件老化问题进行分析时，需要先使用一些工具对老化参数进行监视和收集。从相关文献看，目前老化参数可以分为两类：性能参数和资源消耗参数。基于检测的方法通过周期性地收集数据并对收集的数据进行分析，来评估软件系统的当前状态。Garg 等人[31]分析了某个网络中 UNIX 工作站的内存和交换空间的资源消耗情况，发现资源消耗存在显著的变化趋势。Chen 等人[122]使用门限自回归方法进行老化分析。Grottke 等人[34]使用收集的 Apache 服务器数据作为输入预测系统的资源消耗，如收集的可用物理内存，已使用的交换空间，发现已用交换空间中存在周期性现象。El-Shishiny 等人[113]提出使用多层感知器人工神经网络预测资源消耗。Hoffmann 等人[36]使用支持向量机模型分析某个电信系统中出现的老化问题。Xue 等人[114]使用人工神经网络预测 UNIX 工作站中已用交换空间、内存的使用情况。Araujo 等人[35]使用四种时间序列模型：线性模型、二次式模型、指数增长模型和皮尔生长曲线模型，预测某个云计算平台中的内存消耗。以上用于软件老化分析的数据来自人工负载产生的数据。学者们通过使用一些工具产生负载，模拟用户的行为，将负载产生的资源消耗等数据用于建立模型。为了更快收集到老化数据，学者们往往使用人为加大负载的办法，同时使用错误注入的方法在负载中加入错误，促使系统提前出现老化现象。然而根据软件老化的定义，软件老化是系统长时间运行中出现的现象，而非短期通过加大系统负载出现的现象。而且往往在负载减小时，所谓的老化现象就消失了，这种通过加大负载使得系统暂时出现的所谓老化现象并不是真正的老化现象，因为老化现象是不可逆的，即一旦老化问题出现，除非通过抗衰操作消除老化问题，否则老化带来的问题会越来越严重。同时错误注入的方法也难以在长期运行的软件系统中使用。

对于软件的老化和抗衰来说，找到一个合适的抗衰时机是执行抗衰的关键所在，而对于资源消耗的准确预测能够提前使用户了解系统当前的情况，有助于用户选择合适的抗衰时机。在 Web 服务器老化分析中，大部分的研究集中于对 Apache 服务器的老化进行研究，而作为拥有第二大用户群体的 IIS 服务器[115]中的老化问题却被大部分的学者所忽略。本章首先提出滑动窗口老化检测算法从长期趋势上判定 IIS 服务器中是否出现老化现象；然后使用 ARIMA 模型对 IIS 服务器中的资源消耗进行预测，以提前预知资源消耗情况；最后使用本书提出的多门限值时间段抗衰算法选择抗衰的时机。图 2.1 给出了基于 ARIMA 模型的软件老化和抗衰分析框架。

图 2.1　基于 ARIMA 模型的软件老化和抗衰分析框架

2.1　滑动窗口老化检测算法

相关文献[31,33,49]指出：Web 服务器中的软件老化，往往表现为性能下降或者资源耗尽等现象。

以往的研究往往使用 Mann-Kendall 等方法判断数据序列是否存在趋势，如果存在趋势则说明软件系统中存在老化问题。但 Machida 等[32]通过一系列的实验指出 Mann-Kendall 方法在软件老化现象的检测中很容易产生误报问题，往往需要通过多次的实验才能确定老化问题是否存在。

本章提出滑动窗口老化检测算法，从长期趋势上对运行的软件是否存在老化现象进行检测，以下为一些基本定义。

定义 1：资源消耗数据流。一个资源消耗数据流是一个按照时间递增顺序排列的时间序列 $x = \{ <x_1, t_1>, <x_2, t_2>, \cdots, <x_i, t_i>, \cdots \}$，式中 x_i 是 t_i 时刻资源消耗序列的值。

定义 2：数据采集窗口。令 gw 表示软件系统中相关资源参数收集过程中的窗口时间。gw 包含两个部分：采集起始时间 st；采集结束时间 et。span 表示两个时间之间的跨度，即采集的时间间隔。

定义 3：滑动窗口。令 slw 表示滑动窗口，可以用滑动窗口间隔表示：slwspan = {slwst，slwet}，使用的 slwst 表示滑动窗口的开始时间，slwet 表示滑动窗口的结束时间。

定义 4：滑动窗口步长。表示资源消耗数据每次移动的距离，可用 step 表示。

定义 5：对于一个资源消耗时间序列 $x(t)$，$t \in \{st, et\}$，可以使用线性回归表示其资源消耗的速度。该线性拟合可以表示为：$\hat{x}(t) = \hat{a}t + \hat{g}$，式中 $\hat{x}(t)$ 表示 $x(t)$ 的拟合值，即消耗的资源数值；$\hat{a}$ 是拟合的斜率，表示资源消耗速度；$\hat{g}$ 表示拟合的截距。

定义 6：异常模式。对于给定的采集窗口 gw 和滑动窗口 slw 来说，如果出现斜率为负或者为正的情况，则表明出现了异常。

滑动窗口老化检测算法表示如下：

输入参数：数据采集窗口 gw，滑动窗口 slwspan = {slwst，slwet}，滑动窗口步长 step。

输出参数：拟合的线性回归 $\hat{y}(t) = \hat{a}t + \hat{g}$。

算法描述：

(1)初始化数据采集窗口 gw，滑动窗口 slwspan，以及步长 step。

(2)for t in slwspan do

使用最小二乘法计算 $\hat{a}$，$\hat{g}$

end for

(3)if $\hat{a} > 0$ or $\hat{a} < 0$ then

表示系统中出现了老化问题

else

表示系统处于正常状态

end if

2.2　资源消耗预测的 ARIMA 过程

19 世纪 70 年代，Box 和 Jenkins[116] 提出了一系列方法用于时间序列的分析和预测，这类方法被称为博克斯-詹金斯(Box-Jenkins)模型，也被称为 ARIMA 模型。ARIMA 模型被认为是一类通用的方法用于预测时间序列数据。ARIMA 模型可以被看作一种调整的随机游走和随机趋势模型，这种调整包含：加入预测序列的滞后值，加入随机误差的现值和滞后值。预测序列的滞后被称为自回归项，随机错误现值和滞后值被称为移动平均过程。一个需要通过差分等方法实现平稳化的时间序列被称为非平稳时间序列，ARIMA 模型就是将非平稳时间序列转化为平稳时间序列，并对其滞后值以及随机误差项的现值和滞后值进行回归所建立的模型。ARIMA 模型包含：移动平均过程(MA)、自回归过程(AR)、自回归移动平均过程(ARMA)以及自回归累积移动平均过程。使用 ARIMA 预测资源消耗数据的步骤为：预处理、模型定阶、参数估计、模型检验、预测。

2.2.1　预处理

在使用 ARIMA 模型对资源消耗序列进行建模之前，需要使资源消耗观测值序列满足平稳条件：观测个体值要围绕观测序列的均值上下波动，不出现明显的上升或下降趋势，如果出现明显的上升或下降趋势，则需要对原始的观测序列进行差分，使原始观测序列平稳化。如果一个序列是非平稳的，可以通过差分方法将该序列平稳化，这一过程就是 ARIMA 中"integrated"所代表的含义。通过平稳化处理的 ARIMA (p, d, q) 模型，其中：p 为模型中自回归部分的阶数，d 为差分次数，q 为移动平均过程部分的阶数，将转变为自回归移动平均模型(ARMA (p, q))。差分方法有两种：一阶差分；多阶差分(通过迭代多次进行差分)。一阶差分定义如下：

$$\nabla x_t = x_t - x_{t-1} = (1 - B)x_t \tag{2.1}$$

其中 ∇ 称为差分算子，x_t 和 x_{t-1} 是一个资源消耗序列在 t 和 $t-1$ 时刻的序列值，B 为后向移位算子，$Bx_t = x_{t-1}$。

如果一阶差分不能使序列达到平稳化，则可以使用多阶差分方法：

$$\begin{cases} \nabla^2 x_t = \nabla x_t - \nabla x_{t-1} = (1 - B)x_t - (1 - B)x_{t-1} = (1 - B)^2 x_t \\ \nabla^d x_t = x_t - x_{t-d} = (1 - B)^d x_t \end{cases} \tag{2.2}$$

其中 ∇^d 是多阶差分算子，d 是差分的次数。

如果序列已经是平稳化的序列，那么该序列的期望值将为常数。用 μ 表示期望：$E(x_t) = \mu$，$t = 1$，2，$\cdots$。下一步要对序列中的每个值执行零均值化过程：

$$x_t = x_t - \mu \tag{2.3}$$

此时可以使用 $\mathrm{ARMA}(p,\ q)$（平稳化的 ARIMA 模型）描述选定的资源消耗序列：

$$x_t = \varphi_1 x_{t-1} + \cdots + \varphi_p x_{t-p} + \cdots + \varepsilon_t - \theta_1 \varepsilon_{t-1} - \cdots - \theta_q \varepsilon_{t-q} \tag{2.4}$$

其中 ε_t 被称为白噪声项（一个平均值为 0、方差是 σ_ε^2 的随机变量），φ 和 θ 是满足平稳性和可逆条件的模型参数。

使用后向移位算子 B 定义 $Bx_t = x_{t-1}$ 和 $B\varepsilon_t = \varepsilon_{t-1}$，公式（2.4）可以被重新描述为：

$$\begin{cases} \Psi(B) x_t = \Theta(B) \varepsilon_t \\ \Psi(B) = (1 - \varphi_1 B - \varphi_2 B^2 - \cdots - \varphi_p B^p) \\ \Theta(B) = (1 - \theta_1 B - \theta_2 B^2 - \cdots - \theta_q B^q) \end{cases} \tag{2.5}$$

当公式（2.4）中的 q 等于 0 时，模型转变为 $\mathrm{AR}(p)$ 模型。

$$x_t = \varphi_1 x_1 + \cdots + \varphi_p x_{t-p} + \varepsilon_t \tag{2.6}$$

当公式（2.4）中的 p 等于 0 时，模型转变为 $\mathrm{MA}(q)$ 模型。

$$x_t = \varepsilon_t - \theta_1 \varepsilon_{t-1} - \cdots - \theta_q \varepsilon_{t-q} \tag{2.7}$$

2.2.2 模型定阶

通过自相关函数（ACF）$\hat{\rho}_k$ 和偏自相关函数（PACF）$\hat{\varphi}_{k,k}$ 可以确定模型阶数。公式如下：

$$\begin{cases} \hat{\rho}_k = \dfrac{\sum_{t-1}^{n-k} x_{t+k} x_t}{n} \\ \hat{\varphi}_{1,1} = \hat{\rho}_1 \\ \hat{\varphi}_{k+1,k+1} = (\hat{\rho}_{k+1} - \sum_{j=1}^{k} \hat{\rho}_{k+1-j}\hat{\varphi}_{k,j})(1 - \sum_{j=1}^{k} \hat{\rho}_j \hat{\varphi}_{k,j})^{-1} \\ \hat{\varphi}_{k+1,j} = \hat{\varphi}_{k,j} - \hat{\varphi}_{k+1,k+1}\hat{\varphi}_{k,k+1-j} \end{cases} \tag{2.8}$$

公式（2.8）中 j 的取值从 1 到 k，n 为样本的个数。表 2.1 给出使用自相关函数和偏自相关函数确定模型阶数的原则。

表 2.1　　　　　　　　　　　　　　　　模型识别原则

	AR(p)	MA(q)	ARMA(p, q)
自相关函数（ACF）	拖尾，指数衰减或振荡	有限长度，截尾(q 步)	拖尾，指数衰减或振荡
偏自相关函数（PACF）	有限长度，截尾(p 步)	拖尾，指数衰减或振荡	拖尾，指数衰减或振荡

拖尾是指相关函数(自相关函数和偏自相关函数) 随着时间间隔的增大而逐渐衰减。截尾指当时间间隔超过 p 时，所有偏自相关函数为 0；当时间间隔超过 q 时，所有自相关函数为 0。下面给出模型中自相关函数和偏自相关函数的求取过程。

1. AR(p) 的自相关函数

用 $x_{t-k}(k > 0)$同时乘以平稳的 p 阶自回归过程 $x_t = \varphi_1 x_{t-1} + \varphi_2 x_{t-2} + \cdots + \varphi_p x_{t-p} + \varepsilon_t$ 的两侧，可得：$x_{t-k} x_t = \varphi_1 x_{t-k} x_{t-1} + \varphi_2 x_{t-k} x_{t-2} + \cdots + \varphi_p x_{t-k} x_{t-p} + x_{t-k} \varepsilon_t$。

对上式两侧分别求期望得：$\rho_k = \varphi_1 \rho_{k-1} + \varphi_2 \rho_{k-2} + \cdots + \varphi_p \rho_{k-p}$, $k > 0$。

令 $\Phi(B) = 1 - \varphi_1 B - \varphi_2 B^2 - \cdots - \varphi_p B^p = \prod_{i=1}^{p}(1 - G_i B)$，其中 B 为 k 的滞后算子。令 G_i^{-1}, $i = 1, 2, \cdots, p$ 是特征方程 $\Phi(B) = 0$ 的根。为保证序列的平稳性，要求 $|G_i| < 1$。则：$1 - \varphi_1 G_i^{-1} - \varphi_2 G_i^{-2} - \cdots - \varphi_p G_i^{-p} = 0$，即 $G_i^k = \varphi_1 G_i^{k-1} + \varphi_2 G_i^{k-2} + \cdots + \varphi_p G_i^{k-p}$。

通过计算可得：$\rho_k = A_1 G_1^k + A_2 G_2^k + \cdots + A_p G_p^k$。

其中 A_i, $i = 1, \cdots, p$ 为待定常数。由上式可知存在以下几种情况：

(1) 当 G_i 为实数时，式中的 $A_i G_i^k$ 将随着 k 的增加而几何衰减至零，该过程称为指数衰减。

(2) 当 G_i 和 G_j 表示一对共轭复数时，设 $G_i = a + bi$, $G_j = a - bi$, $\sqrt{a^2 + b^2} = R$，则 G_i, G_j 的极坐标形式为：

$$G_i = R(\cos\theta + i\sin\theta)$$
$$G_j = R(\cos\theta - i\sin\theta) \tag{2.9}$$

若 AR 过程平稳，则 $|G_i| < 1$，$R < 1$。随着 k 的增加，式(2.10)中的相应项 G_i^k，G_j^k 将按正弦振荡形式衰减。

$$\begin{cases} G_i^k = R^k(\cos k\theta + i\sin k\theta) \\ G_j^k = R^k(\cos k\theta - i\sin k\theta) \end{cases} \tag{2.10}$$

(3) 当该特征方程的根取值远离单位圆时，自相关函数会衰减至零。

(4) 当有一个实数根接近 1 时，自相关函数将近似于线性衰减。当有两个或以上的实数根取值接近 1 时，自相关函数会缓慢衰减。

2. MA(q) 的自相关函数

MA(q) 的自相关函数为：

$$\rho_k = \begin{cases} \dfrac{\theta_k + \theta_1\theta_{k+1} + \theta_2\theta_{k+2} + \cdots + \theta_{q-k}\theta_q}{1 + \theta_1^2 + \theta_2^2 + \cdots + \theta_q^2}, & k = 1,\ 2,\ \cdots,\ q \\ 0, & k > q \end{cases} \tag{2.11}$$

由式(2.11)可以看出，当 $k > q$ 时，$\rho_k = 0$，说明 ρ_k 具有截尾特征。

例如，当 MA 中 q 等于 2 时，自相关函数为：

$$\rho_1 = \frac{\theta_1 + \theta_1\theta_2}{1 + \theta_1^2 + \theta_2^2},\ \rho_2 = \frac{\theta_2}{1 + \theta_1^2 + \theta_2^2},\ \rho_k = 0,\ k > 2 \tag{2.12}$$

3. 偏自相关函数

用 φ_{kj} 表示 k 阶自回归中的第 j 个回归系数，则 k 阶自回归过程可以表示为：

$$x_t = \varphi_{k1}x_{t-1} + \varphi_{k2}x_{t-2} + \cdots + \varphi_{kk}x_{t-k} + \varepsilon_t \tag{2.13}$$

其中 φ_{kk} 是最后一个回归系数。若把 φ_{kk} 看作滞后期 k 的函数，则称 φ_{kk} 为偏自相关函数，式中 $k = 1,\ 2,\ \cdots$。

偏自相关函数由下项组成：

$$\begin{cases} x_t = \varphi_{11}x_{t-1} + \varepsilon_{1t} \\ x_t = \varphi_{21}x_{t-1} + \varphi_{22}x_{t-2} + \varepsilon_{2t} \\ \quad\vdots \\ x_t = \varphi_{k1}x_{t-1} + \varphi_{k2}x_{t-2} + \cdots + \varphi_{kk}x_{t-k} + \varepsilon_{kt} \end{cases} \tag{2.14}$$

偏自相关函数中 φ_{kk} 表示 x_t 与 x_{t-k} 在排除了中间变量 x_{t-1}，x_{t-2}，$\cdots$，x_{t-k+1} 影

响之后的相关系数,如式(2.15)所示:

$$x_t - \varphi_{k1}x_{t-1} - \varphi_{k2}x_{t-2} - \cdots - \varphi_{kk-1}x_{t-k+1} = \varphi_{kk}x_{t-k} + \varepsilon_{kt} \tag{2.15}$$

当用 Yule-Walker 方程 $\rho_k = \varphi_1\rho_{k-1} + \varphi_2\rho_{k-2} + \cdots + \varphi_p\rho_{k-p}$ 求解时,得:

$$\rho_j = \varphi_{k1}\rho_{j-1} + \varphi_{k2}\rho_{j-2} + \cdots + \varphi_{kk}\rho_{j-k} \tag{2.16}$$

可以使用矩阵的形式将式(2.16)重写为:

$$\begin{bmatrix} \rho_1 \\ \rho_2 \\ \vdots \\ \rho_k \end{bmatrix} = \begin{bmatrix} 1 & \rho_1 & \rho_2 & \cdots & \rho_{k-1} \\ \rho_1 & 1 & \rho_1 & \cdots & \rho_{k-2} \\ \vdots & \vdots & \vdots & & \vdots \\ \rho_{k-1} & \rho_{k-2} & \rho_{k-3} & \cdots & 1 \end{bmatrix} \begin{bmatrix} \varphi_{k1} \\ \varphi_{k2} \\ \vdots \\ \varphi_{kk} \end{bmatrix} \tag{2.17}$$

式(2.17)可以表示为:

$$\rho = p\varphi \tag{2.18}$$

那么偏自相关函数可以表示为:

$$\varphi = p^{-1}\rho \tag{2.19}$$

将 k 的值 1,2,… 代入上式,偏自相关函数值为:

$$\begin{cases} \varphi_{11} = \rho_1 \\ \\ \begin{bmatrix} \varphi_{21} \\ \varphi_{22} \end{bmatrix} = \begin{bmatrix} 1 & \rho_1 \\ \rho_1 & 1 \end{bmatrix}^{-1} \begin{bmatrix} \rho_1 \\ \rho_2 \end{bmatrix} = \dfrac{\begin{bmatrix} 1 & -\rho_1 \\ -\rho_1 & 1 \end{bmatrix} \begin{bmatrix} \rho_1 \\ \rho_2 \end{bmatrix}}{\begin{vmatrix} 1 & \rho_1 \\ \rho_1 & 1 \end{vmatrix}} = \dfrac{\begin{bmatrix} \rho_1 - \rho_1\rho_2 \\ \rho_2 - \rho_1^2 \end{bmatrix}}{1 - \rho_1^2} \end{cases} \tag{2.20}$$

通过计算可得:

$$\varphi_{22} = \frac{\rho_2 - \rho_1^2}{1 - \rho_1^2} \tag{2.21}$$

对于 AR(p),当 $k > p$ 时,$\varphi_{kk} = 0$;当 $k \leqslant p$ 时,$\varphi_{kk} \neq 0$。偏自相关函数在滞后项 p 以后有截尾特性,可根据此特征识别 AR(p) 过程的阶数。

对于 $p = 1$ 时的 AR,$x_t = \varphi_{11}x_{t-1} + \varepsilon_t$,当 $k = 1$ 时,$\varphi_{11} \neq 0$;当 $k > 1$ 时,$\varphi_{kk} = 0$。对于 AR(1) 的偏自相关函数特征是在 $k = 1$ 时有值,然后出现截尾。

对于 $p = 1$ 时的 AR,当 $k \leqslant 2$ 时,$\varphi_{kk} \neq 0$;当 $k > 2$ 时,$\varphi_{kk} = 0$。

对于 $q = 1$ 时的 MA,$x_t = \varepsilon_t - \theta_1\varepsilon_{t-1}$,则 $x_t = \varepsilon_t - \theta_1 x_{t-1} - \theta_2 x_{t-1} - \cdots$。

由于 MA(1) 可以转换为无限阶数的 AR,因此 MA(1) 过程的偏自相关函数呈指数衰减特征。

对于 $q = 2$ 的 MA(2)，偏自相关函数可能由两个指数衰减形式叠加而成（实根）或偏自相关函数呈正弦衰减形式（复数根）。

由于 MA(q) 可以转换成一个无限阶系数的自回归过程，因此 MA(q) 的偏自相关函数呈现缓慢衰减的特征。

ARMA(p, q) 的偏自相关函数也是无限延长的，与 MA(q) 过程的偏自相关函数类似。根据模型中的阶数 q 以及参数 θ_i 的不同，偏自相关函数将呈现指数衰减形式和（或）正弦衰减混合形式。

对于一个给定的资源消耗序列数据，偏自相关函数一般是未知的。可以使用收集的样本计算 φ_{11}，φ_{22}，$\cdots$ 和估计值 $\hat{\varphi}_{11}$，$\hat{\varphi}_{22}$，$\cdots$。AR 中 AR 分量的偏自相关函数具有截尾特性，可利用偏自相关值估计阶数 p 的值。

2.2.3　参数估计

AIC[117] 是一个确定模型阶的有力工具，由日本学者 Akaike 在识别 AR 模型阶数准则即最小最终预测误差准则的基础上推广发展而来，可用于识别 ARMA 模型阶数，被称为最小信息准则。基于最大似然估计方法，AIC 给出了对于模型阶数即 p 值和 q 值的猜想。ARMA(p, q) 的 AIC 定义如下：

$$\text{AIC} = n\ln(\hat{\sigma}_{\varepsilon}^2) + 2(p + q + 1) \tag{2.22}$$

式中 $\hat{\sigma}_{\varepsilon}^2$ 是方差估计。当样本大小 n 固定时，随着模型阶数 p、q 的增大，式中的第一项将变小，第二项将变大。不过随着 p 和 q 的增大，增加和减小的值将会互相抵消，但是这两项的增加和减小的速度不同，第一项减小的速度会越来越慢，第二项增加的速度则相对比较稳定。因此随着模型阶数的增加，AIC 的取值首先会大幅下降，然后下降的幅度减小，最终呈现上升的趋势，从而图形呈现出 "U" 形。结合偏相关函数和偏自相关函数，当 p 与 q 的取值达到某一对数值时，AIC 的值达到最小，此时的 p、q 为最佳的模型阶数。

一旦通过 AIC 确定了模型的阶数，则可以通过矩估计方法，最小二乘法，或者最大似然估计法确定未知的参数。

2.2.4　模型检验

确定模型的阶数和参数后，需要对模型的适合性进行检验。首先检查模型是否满足稳定性和可逆性。如果公式(2.23)和(2.24)中的根不在单位圆之外,则不满足稳定性和可逆性要求。

$$\Psi(B) = (1 - \varphi_1 B - \varphi_2 B^2 - \cdots - \varphi_p B^p) = 0 \qquad (2.23)$$

$$\Theta(B) = (1 - \theta_1 B - \theta_2 B^2 - \cdots - \theta_q B^q) = 0 \qquad (2.24)$$

然后使用白噪声对模型的残差进行检验。本书使用 Box-Pierce 提出的 Q 统计量[118]检验模型残差序列是否为白噪声。如果模型的残差不是白噪声,意味着残差序列中还存在有用信息没有被提取出来,需要进一步对模型进行改进。

Q 检验的零假设是:

$$\rho_1 = \rho_2 = \cdots = \rho_k = 0 \qquad (2.25)$$

即资源消耗序列是一个白噪声过程。ρ_k 表示自相关值。Q 统计量的定义为:

$$Q = n \sum_{k=1}^{h} \hat{\rho}_k^2 \qquad (2.26)$$

其中 $\hat{\rho}_k$ 是根据残差序列计算的自相关函数的估计值。随着 $n \to \infty$,Q 渐近服从 $\chi^2(h-p-q)$ 分布,其中 n 表示样本容量,h 表示自相关系数的个数。

Ljung 和 Box[119]认为定义的 Q 统计量的分布与 $\chi^2(h-p-q)$ 分布存在差异,由此提出修正的 Q 统计量:

$$Q = n(n+2) \sum_{k=1}^{h} \frac{\hat{\rho}_k^2}{n-k} \qquad (2.27)$$

修正后的 Q 统计量渐近服从 $\chi^2(h-p-q)$ 分布,且它的近似性比原 Q 统计量的近似性更好。

最后通过残差序列计算 Q 统计量的值。判别白噪声的规则如下:$Q \leqslant \chi_\alpha^2(h-p-q)$,则是白噪声;$Q > \chi_\alpha^2(h-p-q)$,则不是白噪声。其中 α 表示检验水平。

2.2.5 预测

经过对模型类别的识别、定阶、参数估计和模型检验后,下一步就是使用收集的资源消耗数据和确定的模型进行预测。

2.3 多门限值时间段抗衰算法

对抗衰门限值的选择决定了抗衰时机。在基于时间的软件老化抗衰策略中,抗衰门限值一般为两次抗衰操作之间的时间间隔(确定抗衰时间间隔,当软件系统执行的时间超过指定的时间间隔后执行抗衰);基于检测的软件老化抗衰策略,则一般根据系统剩余资源情况、资源耗尽的时间,按照固定门限值的方式执行抗衰。

对于一个长期运行的软件系统来说,如果负载类型和负载大小呈现一定的特征,如周期性特征,且可以使用数学模型表示其失效分布等特征,则使用基于时间的抗衰策略计算时间间隔执行抗衰是合适的。但对于运行中的软件系统来说,尤其对于 Web 服务器、嵌入式服务等,负载并无明显的特征,用户群体的访问很难使用数学模型来表示,在这种情况下使用基于固定时间间隔的方法并不合适。

基于检测的抗衰门限值选择方法使用收集到的系统资源消耗数据或者性能数据,建立模型,设定抗衰门限值,门限值可以按照抗衰成本最小、[120]系统可用性最大化、[121]失效概率、[122]误差曲线[39]等方式进行计算。

基于检测的抗衰门限值选择方法根据数据的采集方式可以分为:离线抗衰门限值选择方式;在线抗衰门限值选择方式。

与在线抗衰门限值选择方式相反,离线抗衰门限值选择方式在指定的时间段内,如几周到几个月的时间内,将收集到的系统参数,按照选定的模型以离线的方式进行分析。

离线抗衰门限值选择方式往往在收集系统数据和确定抗衰门限值后,根据抗衰门限值和系统当前的情况确定何时执行抗衰,当系统运行一段时间后,通过收集的数据重新计算抗衰门限值,将重新计算的抗衰门限值与当前系统状态进行比较以确定是否需要执行抗衰。

对于离线抗衰门限值选择方法而言,由于只是将离线的数据进行统一的计算,因此计算量相对较小,但每一次对门限值的修正都需要将离线数据重新计算,因此存在较大的计算资源浪费。

在线抗衰门限值选择方式指按照预先指定的时间间隔,实时地监测软件系统中的系统参数,根据得到的数据,按照选择的模型在线地对数据进行分析。[100]

在线抗衰门限值选择方式[123~125]往往在通过在线方式收集系统数据后,根据抗衰门限值和系统当前的情况确定何时执行抗衰,如通过计算在一定概率条件下的系统失效时间，并判断该失效时间是否已经超过了给定的门限值，如超过则执行抗衰。

　　在线抗衰门限值选择方式由于是实时计算，需要消耗较多的系统资源，同时对于系统中的数据值很敏感，如对于 Web 服务来说，可能在某一个时间段到来大量的用户服务请求，模型如在此时间段内进行计算，由于大量的资源被占用，可能会认为系统存在老化问题，从而可能会产生误抗衰问题。

　　为了能够在给定的时间内得到系统参数数据，一些学者提出利用压力测试的方法，通过工具指定负载请求和类型，同时使用错误注入等办法，提前使系统进入老化状态，以获得数据用于计算门限值。虽然这一方法缩短了软件老化的形成时间，但该测试过程无法正确反映软件系统运行的真实环境，因而此类方法一般只用在实验室环境下。

　　基于固定门限值的方法首先定义老化参数的临界值，当被观测老化参数的值超过预定义的临界值时，将会执行抗衰操作以消除老化引起的问题。Matias 等人[41]将虚拟内存不足作为软件老化标示，并依此指定 Apache 服务器的虚拟内存临界值，当监视的虚拟内存值超过指定的临界值时执行抗衰操作。作者在实验中使用三个可控的负载参数——页大小、页类型（动态或静态）、请求率，来控制 Apache 服务器的内存消耗速度。Silva 等人[42]将响应时间作为老化参数，计算虚拟机上的平均响应时间，并在此基础上给出一个临界值，一旦超过临界值则在虚拟机上执行抗衰。Zhao 等人[47]使用局部加权回归算法确定响应时间的拐点，并定义一个临界值，当拐点值超过临界值时，执行抗衰。然而 Web 服务器的响应时间往往是通过客户端获得的，很难通过服务器端获得。Araujo 等人[35]对一个云计算平台中的老化问题执行多临界值抗衰：首先使用四类时间序列模型预测每个主机节点上的虚拟内存资源消耗，然后设定一个关键内存使用比率，当虚拟内存使用超过关键内存使用的 80% 时发出警告；当虚拟内存使用超过关键内存使用的 95% 时，执行抗衰。对于基于固定门限值的方法来说，指定的临界值过大可能导致系统长期处于老化状态，临界值过小又会导致系统在正常状态下执行抗衰操作。在该抗衰策略中，一旦观测值超过临界值即执行抗衰，也可能造成误抗衰的问题，即资源消耗超过临界值可能是一段时间的高负载引起的，而当这些负载处理完毕后，资源的占用会降低到正常的水平，这种超过临界值的现象并非是老化问题引起的。因此，指定一个区间段，当观测值超过临界值一段时间后，再来判断软件是否出现老化现象并执行抗衰，相对合理一些。

本节提出一个多门限值时间段抗衰算法用来进行软件老化和抗衰分析。该算法描述如下：

输入参数：资源消耗时间序列，时间段 t_{span}，计数 t_{count}，多个门限值 $x_{threshhold}$。

输出参数：满足要求的资源消耗序列及对应的时刻。

步骤：

(1)初始化时间段 t_{span}，计数 t_{count}，多个门限值 $x_{threshhold}$。

(2)for $i=1$ to gw do

  if($x_i > x_{threshhold}$) then

   {

   t_{count}++

   将资源消耗数据及相应的时刻压栈

   if($t_{count} > t_{span}$) then

    {

     将资源消耗数据及相应的时刻存入数据表

     清空栈

    }

   end if

  }

  else

  {

   $t_{count} = 0$

   清空栈

  }

  end if

 end for

(3)输出满足要求的资源消耗序列及对应的时刻，可据此执行抗衰。

2.4　实验验证

本书所用的数据均来自 IIS Web 服务器。目前主流的 Web 服务器有：IIS 和 Apache。现有的关于 Web 服务器的老化研究集中于 Apache 服务器，本书拟对 IIS 服务器中的老化问题进行研究。对于 Web 服务器来说，其工作流程可分为 4 个步骤：连接、请求、应答以及关闭连接。

图 2.2 给出了 IIS 系统的架构图。

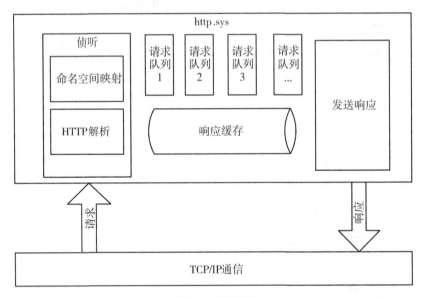

图 2.2　IIS 架构

在图 2.2 中，http. sys 作为内核模式运行的操作系统驱动程序具有高度的可靠性和稳定性，能够及时地对用户的请求作出响应，其由以下模块组成：侦听模块；响应缓存模块；请求队列；发送响应模块。http. sys 负责监听用户请求，并对用户的请求作出响应。当用户通过浏览器对 IIS Web 服务器发出 HTTP 请求后，http. sys 监听模块会对到来的 HTTP 请求进行分析，并根据请求的类型，将请求放入请求队列，等待应用程序池中的 Web 应用程序对队列中的请求进行处理。在 http. sys 中有一张数据配置表，该表记录着 URL 与应用程序池中 Web 应用程序的对应关系,因此当 http. sys 接收到一个 HTTP 请求的时候,能够快速地将用户请求传送到相应的 Web 应用程序中去处理。

图 2.3 给出了 Apache 服务器的架构图。

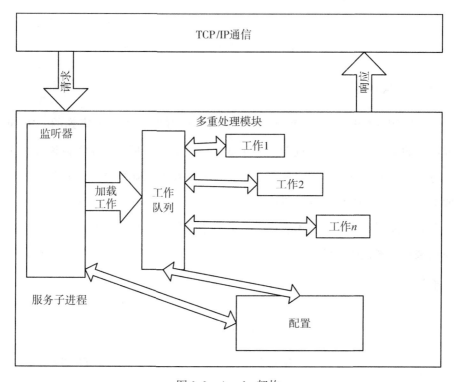

图 2.3 Apache 架构

MPM(multi-processing modules,多路处理模块)是 Apache 服务器的核心组件之一,通过多路处理模块 Apache 使用操作系统的资源,并对进程和线程池进行管理。MPM 有两种模式:prefork 和 worker。当 Apache 运行时,一个单独的控制进程负责产生子进程,这些子进程用于监听请求并作出应答。当子进程监听到用户的请求后,将请求放入请求队列,并将请求的 URL 映射到本地文件系统中。当请求被本地文件系统中相应的程序处理后,会生成响应内容返回到浏览器。

通过对以上 IIS 和 Apache 服务器的架构图进行分析,可以发现无论是 IIS 服务器还是 Apache 服务器,其工作流程均为:浏览器发送请求,浏览器与 Web 服务器建立连接后,使用 HTTP 协议向服务器端发送请求;服务器对浏览器的请求进行解析，收集用户请求信息中的表单方法、请求内容、所用协议等相关信息；完成请求，当没有出错时，服务器找到用户请求的文件并返回给用户；结束会话。当文件被发送或发送错误信息后，Web 服务器将结束整个会话，关闭打开的请求文件、网络端口以结束网络连接。可以看到，尽管 IIS 和 Apache 服务器的架构不同，但由于 IIS 和 Apache 等 Web 服务器提供的功能是相同的，因此本书提出的方法可以用于 Apache 等 Web 服务器中的软件老化和抗衰分析。

2.4.1 实验设置

本章所用的数据是从一个商业运行的 IIS Web 服务器中采集到的。IIS Web 服务器中的服务由一系列的商业应用组成，这些应用包括：各个医院网站、卫生系统行政部门的网站，以及一些诸如网上挂号系统的商业服务。用户能够访问的资源类型包括：HTML 页面、图片文件、aspx 页面等。由于整个 Web 应用所在的服务器并不使用双机热备技术，因此当软件老化问题出现时，只能通过简单的重启应用来解决老化引起的问题。

运行环境见表 2.2。

表 2.2   运 行 环 境

	应用服务器	数据库服务器
硬件	Intel（R）Xeon（R）CPU E5620 @ 2.4GHz，Memory of 8GB	Intel（R）Xeon（R）CPU E5620 @ 2.4GHz，Memory of 8GB
操作系统	Microsoft Windows Server 2003 Enterprise Edition Service Pack 2	Microsoft Windows Server 2003 Enterprise Edition Service Pack 2
.NET 框架版本号	4.0.30319	

尽管有很多的工具可以用来捕获软件系统中的运行参数值，例如 Nagios 等，但是在本书中我们使用 Windows 操作系统内置的计数器(通过此计数器可以得到操作系统的运行参数、Web 服务器运行参数、数据库运行参数等相关参数而不会影响系统的正常运行)来捕获实验所需的相关参数。整个数据的收集工作开始于 2012 年 9 月 20 日，结束于 2013 年 3 月 5 日，持续了约 6 个月时间。收集的数据

不仅包含资源消耗数据，如可用内存、堆内存等，也包含负载数据等其他相关的数据，如虚拟内存、CPU 使用率等。收集的参数类型包括：操作系统参数、IIS 参数等相关参数，共计 101 个，如 Web 服务、进程、. NET 运行信息等，收集的数据集个数为 63 个。除去那些由软件更新等问题引起的服务重启数据集后，数据集个数共计 21 个。由于整个 Web 应用是一个商业的 Web 应用，所有的用户访问均为真实的用户访问，因此形成的老化数据是用户的正常访问造成的。在本章中为了验证所提出的 ARIMA 模型对资源消耗预测的准确性，本书使用其中采集到的两个参数——. NET 堆内存[53~55]（简记为堆内存）与可用内存[31,33,49]对资源消耗进行预测。

表 2.3 给出了可用内存和堆内存的数据描述。

表 2.3　　　　　　　　　　　　　　　数 据 描 述

	可用内存（MB）	堆内存（MB）
部分序列值	152. 51，72. 48，73. 25， 75. 86，79. 32，75. 79，73. 31	7219，7246，7245， 7243，7237，7233，7234

Windows 操作系统内置的计数器每隔一分钟收集一次数据。本章所使用的数据的收集时间为 2012 年 12 月 22 日 3 点 19 分至 2012 年 12 月 31 日 15 点 53 分，共收集数据记录 13715 个。

2.4.2　资源消耗趋势判断

为了发现资源消耗的长期趋势，以往的研究往往使用 Mann-Kendall 等方法判断数据序列是否存在趋势：如果存在趋势则说明软件系统中存在老化问题。但 Machida 等[32]通过一系列的实验指出 Mann-Kendall 方法在软件老化现象的检测中很容易产生误报问题，往往需要通过多次的实验才能确定老化问题的存在。本节使用 2.1 节中提出的滑动窗口老化检测算法从长期趋势上对系统的老化情况进行判断。

可用内存中滑动窗口 slwspan 的大小等于 13715，滑动步长 step 为 1，使用滑动窗口老化检测算法得到的线性回归表达式为：

$$x(t) = -0.01114t + 6872.1 \qquad (2.28)$$

图 2.4 给出了可用内存的线性回归拟合。在图 2.4 中，采集的可用内存的原始观测值的变化不存在周期性，但随着时间的递增，原始观测值呈现整体下降的趋势，同样从公式(2.28)中也可看出，可用内存线性回归中斜率为负值，这意味着能够提供的可用内存随着时间的推移会越来越少。

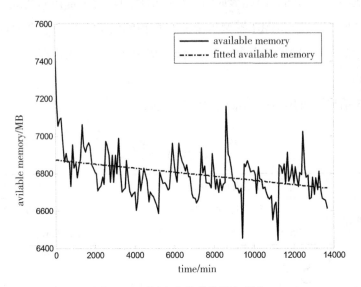

图 2.4　可用内存的线性回归拟合

图 2.4 给出了操作系统层中的资源消耗趋势。我们还需要查看在 Web 应用层中是否也出现了类似的资源消耗问题。

堆内存中滑动窗口 slwspan 的大小等于 13715，滑动步长 step 为 1，使用滑动窗口老化检测算法得到的线性回归表达式为：

$$x(t) = 0.001953t + 131.9 \qquad (2.29)$$

图 2.5 给出了堆内存的线性回归拟合。在图 2.5 中，拟合的线性回归直线呈现一个上升的趋势，这表明 Web 服务器随着时间的增加所使用的堆内存会越来越多，最终导致堆内存资源耗竭。

通过检查在运行的最后 2 小时中 Web 服务的每秒发送和接收的字节数，本书发现所收发的字节数并没有明显的增加而是呈现一种振荡的形式，这说明可用内存的持续减少和堆内存的持续增加并不是负载增加所致，而是长期运行的 Web

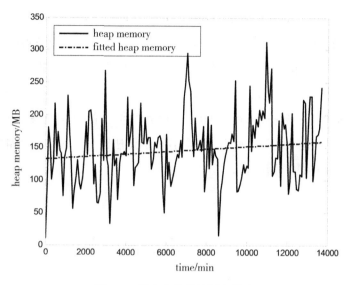

图 2.5　堆内存的线性回归拟合

服务器中出现了老化现象，同时这也表明尽管 .NET 有类似 Java 的垃圾回收机制，但老化问题仍然不可避免。

2.4.3　可用内存预测

Li[33] 等人在分析 Apache 服务器中的老化问题时，将收集到的 7101 个数据中的第 1 到第 4000 个数据，约占总数据量的 56%，作为训练集训练模型；将第 4001 到第 7101 个数据作为验证集。Grottke[34] 等人使用季节性自回归模型对 Apache 服务器的可用内存、响应时间、已用交换空间进行了预测，实验中作者收集的数据集个数为 7208 个，使用其中的前 4000 个，约占总数据量的 55%，用于训练模型；使用最后的 3208 个用于验证模型。在交叉验证中，holdout 验证通常将少于样本三分之一的数据作为验证数据。本章将收集到的老化数据集分为两个部分：训练集和验证集。经过多次的实验，本书确定整个数据集中的前 8000 个数据，大约占所有数据的 70%，作为训练集数据用于训练模型；数据集中的剩余数据，约占所有数据的 30%，作为验证集。

本书通过对模型的多次训练和验证，对于 ARIMA 模型选择 ARIMA（2，1，2）作为可用内存的预测模型。除外，本书还选择两个常用的非线性模型与

ARIMA 模型做比较：人工神经网络[113~114,126]（artificial neural network，ANN）模型与支持向量回归[36]（support vector regression，SVR）模型。单层感知器人工神经网络：包含 2 个输入节点，含有 3 个节点的隐含层以及 1 个输出节点的输出层，简写为 N（2-3-1）。支持向量回归（径向基函数核）采用如下的参数：参数 C 的值为 40，epsilon 的值为 0.5，gamma 的值为 20。

　　用于训练的原始数据和使用 ARIMA 得到的拟合值结果见图 2.6。在图 2.6 中，训练集中的原始数据和预测的拟合值几乎无法区分，说明 ARIMA 模型很好地拟合了训练集中的可用内存。

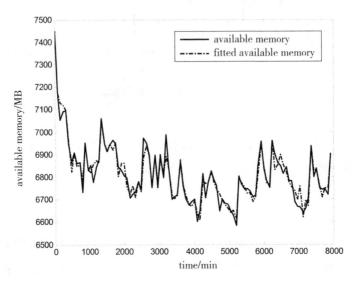

图 2.6　训练集上原始可用内存数据和 ARIMA 拟合的可用内存数据

　　为了测试 ARIMA 模型对于未知数据的预测效果，本书使用剩余的 30% 数据作为 ARIMA 模型的输入，预测可用内存的使用情况。对于验证集来说，预测值和原始数据值见图 2.7。在图 2.7 中，ARIMA 模型可以很好地反映可用内存的趋势，并预测可用内存的将来使用情况。

　　为了了解 ARIMA 模型在验证集中的短期预测效果，并与其他两个模型进行比较，本书选择验证集中前 60 个数据用于比较三个模型的预测情况。图 2.8 至图 2.10 给出了验证集中前 60 个数据关于 ARIMA、人工神经网络、支持向量回归的预测结果。

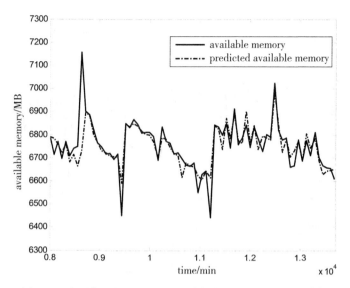

图 2.7　验证集上的 ARIMA 预测数据与原始的可用内存数据

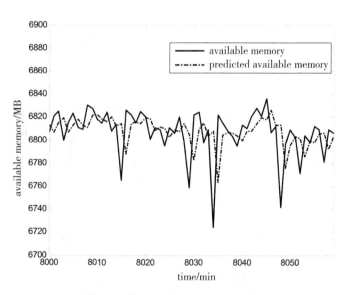

图 2.8　前 60 个点 ARIMA 预测结果

在图 2.8 至图 2.10 中，三类模型都可以很好地反映原始数据的趋势，但 ARIMA 模型从整体上看拟合的效果要好于其他两个模型。

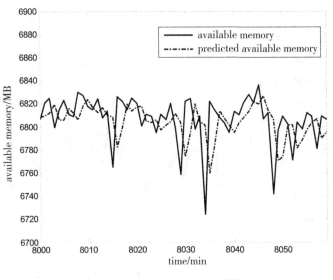

图 2.9 前 60 个点 ANN 预测结果

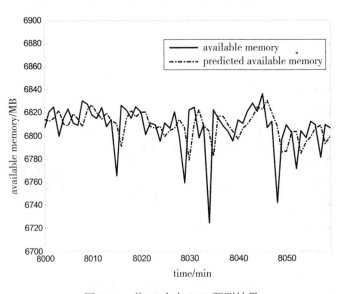

图 2.10 前 60 个点 SVR 预测结果

2.4.4 堆内存预测

经过多次的实验，本书使用最开始的 8000 个堆内存的原始观测值作为训练集数据用于训练 ARIMA、人工神经网络、支持向量回归模型；将所收集数据中的剩余数据作为验证集。

通过多次的训练和验证，本书选择 ARIMA (3，1，3) 作为 ARIMA 预测模型；对于单层感知器人工神经网络模型选择包含 3 个输入节点，含有 5 个节点的隐含层以及 1 个输出节点的输出层，模型简写为 N (3-5-1)。对于支持向量回归(径向基函数核)模型，参数选择如下：参数 C 的值为 20，epsilon 的值为 0.6，gamma 的值为 30。

应用层中用于训练堆内存的 ARIMA 模型的原始观测值与拟合值结果见图 2.11。

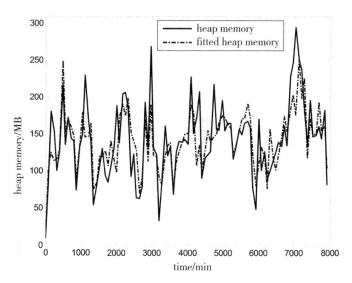

图 2.11　训练集上原始堆内存数据和 ARIMA 拟合的堆内存数据

在图 2.11 中，ARIMA 模型可以很好地拟合原始的观测值，并且可以反映出堆内存的消耗趋势，在第 7000 个数据点左右出现了堆内存使用的大幅增长，通过观察负载数据可以发现在此时间段内有大量的负载请求到来。

为了测试 ARIMA 模型对于未知数据的预测效果，本书使用剩余的 30% 数据作为 ARIMA 模型的输入，来预测堆内存的使用情况。对于验证集来说，预测值和原始观测值结果见图 2.12。

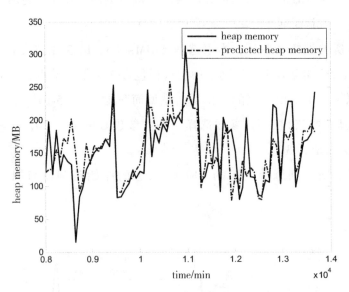

图 2.12　验证集上的 ARIMA 预测数据与原始的堆内存数据

图 2.13 至图 2.15 给出了验证集中前 60 个数据关于 ARIMA、人工神经网络、支持向量回归的预测结果。

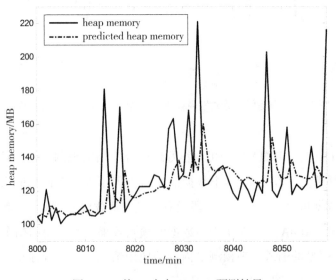

图 2.13　前 60 个点 ARIMA 预测结果

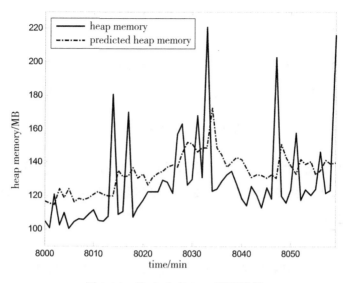

图 2.14 前 60 个点 ANN 预测结果

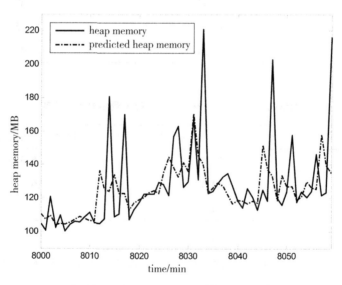

图 2.15 前 60 个点 SVR 预测结果

在图 2.13 至图 2.15 中，人工神经网络和支持向量回归模型存在高估堆内存值的问题。

2.4.5　结果比较

本节将 ARIMA 模型的预测结果与人工神经网络模型、支持向量回归模型进行比较。并使用 MAE,[27] 即平均绝对误差，作为模型评判的依据。

$$\mathrm{MAE} = \frac{1}{n} \sum_{t=1}^{n} \mid y_t - \hat{y}_t \mid \qquad (2.30)$$

式(2.30)中 $\hat{y}_t$ 指预测值, y_t 指原始观测值, n 为原始观测值的个数。

ARIMA 与人工神经网络模型、支持向量回归模型在验证集中的结果比较见表 2.4 和表 2.5。

表 2.4　　　　ARIMA 模型与其他模型在可用内存预测结果上的比较

模型	前 60 个点	验证集上的所有数据
ARIMA	15.117	23.881
ANN	17.527	25.152
SVR	15.214	24.728

表 2.5　　　　ARIMA 模型与其他模型在堆内存预测结果上的比较

模型	前 60 个点	验证集上的所有数据
ARIMA	15.625	25.303
ANN	20.408	26.429
SVR	16.739	25.741

在表 2.4 中，支持向量回归模型在可用内存验证集上的整体预测效果要好于人工神经网络模型。与人工神经网络模型和支持向量回归模型相比，ARIMA 模型无论是从短期还是长期上来看，都有一个较好的预测结果。

在表 2.5 中，支持向量回归模型在堆内存验证集上的短期和长期预测效果要好于人工神经网络模型，但是要差于 ARIMA 模型。

综合表 2.4 和表 2.5 的结果来看，ARIMA 模型无论是在可用内存还是堆内存的短期和长期预测结果上都好于人工神经网络模型和支持向量回归模型。

2.4.6 多门限值时间段抗衰

本节使用 2.3 节中提出的算法来对 IIS Web 服务器的抗衰时机进行选择。在一些文献[47]中学者使用响应时间来判断老化，然而受各种情况的限制，如网络环境，响应时间的准确值很难被获得。Matias 等[55]指出将可用内存作为老化参数可能会造成大量的误报问题出现。在本节中我们使用堆内存来对抗衰时机进行选择。与一些研究[35]类似，本节将系统的状态表示为三种状态：正常状态，警告状态，老化状态。由于直接将最大值作为门限值会造成较大的误差，因此与前人研究[35]不同的是，本书取 IIS Web 服务器中最后 30 分钟堆内存的平均值作为基准，而非使用单一的点值，这是因为最后 30 分钟的时间是系统提供服务最后的时间，系统此时已处于老化状态，使用其平均值作为基准有助于对系统状态进行判断。在以往研究[35]中，学者指定当虚拟内存使用超过可用内存的 80% 时，系统为警告状态；当虚拟内存使用超过可用内存的 95% 时，系统为老化状态。经过多次的实验，我们发现只有极少数的堆内存值超过平均值的 95%，如果将 95% 作为老化状态临界线将不利于老化状态的确定，因此我们将平均值的 90% 作为老化状态临界线，用于表示系统在当前状态下可以执行抗衰；将平均值的 80% 作为警告状态临界线，表示系统可能随时进入老化状态，用于警告。

表 2.6 列出了使用 ARIMA 模型拟合数据时的多门限值时间段抗衰算法预测的老化状态区间：最后 30 分钟拟合的堆内存的平均值为 196.6MB，其 90% 为 177MB。输入参数值：门限值为 177MB，时间段为 60 分钟。

表 2.6　　　　　　　　　　使用 ARIMA 拟合的堆内存老化状态预测

预测状态	开始时间/分	结束时间/分
老化状态 1	10233	10393
老化状态 2	10407	11196
老化状态 3	13462	13714

老化状态 1 的持续时间是 5:52 到 8:32;老化状态 2 的持续时间是 8:46 至 21:

第 2 章　基于 ARIMA 模型的软件老化和抗衰分析框架

55；老化状态 3 的持续时间是 11：41 至 15：53。从用户的角度考虑，在老化状态 1 上执行抗衰操作比较合理，对于用户访问的影响是最小的。

如果使用单门限值算法选择抗衰区间，我们发现使用 177MB 作为门限值时，所预测的老化区间范围为：475 至 522，524 至 527，等等，此时会出现大量的误报现象。

表 2.7 列出了使用原始堆内存数据时的多门限值时间段抗衰算法预测的老化状态区间：最后 30 分钟拟合的堆内存的平均值为 198.4MB，其 90% 为 178MB。输入参数值：门限值为 178MB，时间段为 60 分钟。

表 2.7　　　　　　　　　　　　使用原始堆内存老化状态预测

预测状态	开始时间/分	结束时间/分
老化状态 1	9373	9442
老化状态 2	10429	10522
老化状态 3	10549	11202
老化状态 4	13561	13631

通过比较表 2.6 和表 2.7 我们发现，使用 ARIMA 拟合的数据直到 10293 分钟才发现 IIS 服务器出现了老化问题，而使用原始数据在 9433 分钟就发现 IIS 服务器出现了老化问题，使用 ARIMA 拟合的数据确定老化状态的时间较原始数据要晚 860 分钟。而这表明使用 ARIMA 拟合的数据确定老化状态在时间上要滞后于使用原始数据确定的老化状态区间，推迟了误报问题的出现。

如果使用单门限值算法选择原始数据的抗衰区间，当使用 178MB 作为门限值时，所预测的老化区间范围为：68 至 71，92 至 94 等，可以发现使用单门限值算法会出现大量的误报现象。

表 2.8 列出了使用 ARIMA 模型拟合数据时的多门限值时间段抗衰算法预测的警告状态区间：最后 30 分钟拟合堆内存的平均值为 196.6MB，其 80% 为 157MB。输入参数值：门限值为 157MB，时间段为 60 分钟。

表2.8   使用 ARIMA 拟合的堆内存警告状态预测

预测状态	开始时间/分	结束时间/分
警告状态 1	6839	7304
警告状态 2	9155	9449
警告状态 3	10232	11204
警告状态 4	13392	13714

警告状态 1 的持续时间是 21:18 到 5:03;警告状态 2 的持续时间是 11:54 至 16:48;警告状态 3 的持续时间是 5:51 至 22:03;警告状态 4 的持续时间是 10:31 至 15:53。在表 2.6 和表 2.8 中,警告时间区域和老化时间区域存在重叠现象。

如果使用单门限值算法选择抗衰区间,当使用 157MB 作为门限值时,所预测的警告区间范围为:182 至 185,422 至 425 等,可以发现使用单门限值算法会出现大量的误报现象。

表 2.9 列出了使用原始堆内存数据时的多门限值时间段抗衰算法预测的老化状态区间:最后 30 分钟拟合堆内存的平均值为 198.4MB,其 80% 为 159MB。输入参数值:门限值为 159MB,时间段为 60 分钟。

表2.9   使用原始堆内存警告状态预测

预测状态	开始时间/分	结束时间/分
警告状态 1	5527	5708
警告状态 2	7202	7286
警告状态 3	9300	9442
警告状态 4	10248	11203
警告状态 5	13391	13714

通过比较表 2.8 和表 2.9 的结果,我们发现使用 ARIMA 拟合的数据直到 6899 分钟才对 IIS 服务器发出警告,而使用原始数据在 5587 分钟就对 IIS 服务器发出了警告,使用 ARIMA 拟合的数据发出警告状态的时间较原始数据要晚 1312 分钟,误报时间大大推迟了。

如果使用单门限值算法选择原始数据抗衰区间，当使用 159MB 作为门限值时，所预测的警告区间范围为：31 至 33，68 至 71，等等，使用单门限值算法会出现大量的误报现象。

通过将 2.3 节中提出的算法用于 IIS Web 服务器抗衰时机的判定，我们发现使用 ARIMA 拟合的数据无论是在老化状态确定、还是警告状态的确定上准确度都要优于使用原始数据的判定；同时使用 2.3 节中提出的算法在对老化和警告状态区间的确定上准确度也要好于单门限值算法确定的状态区间。对于状态区间的划分有助于下一步选择适当的时间执行抗衰。

重启操作系统的时间为 3 分 30 秒，而重启 IIS 仅需要 20 秒的时间，如果以一年作为一个时间跨度单位，那么通过提前发现老化状态，重启 IIS 服务器，系统重启将花费的时间累计为 12.8 分钟；而如果不能发现老化，仅仅当老化出现时重启系统，那么重启系统将花费的时间累计为 134.4 分钟，也就是说通过提前发现老化状态执行抗衰，系统的不可用时间将减少 90%。如果考虑到性能下降带来的损失问题，那么提前发现老化状态将会大大降低软件老化问题带来的损失。同时通过本实验我们发现在真实的系统中系统资源消耗的值超过规定值后并不会持续地增加而是会出现振荡变化的现象。

2.5　小结

本章提出了基于 ARIMA 模型的软件老化和抗衰分析框架。首先我们使用了所提出的滑动窗口老化检测算法，从长期趋势判断 IIS Web 服务器中是否存在老化现象。然后我们使用了 ARIMA 模型拟合可用内存和堆内存。通过实验结果的对比，我们发现 ARIMA 模型无论是在可用内存还是在堆内存的预测效果上都要好于人工神经网络和支持向量回归两类非线性模型。最后我们使用了所提出的多门限值时间段抗衰算法分析 IIS 服务器的老化问题，通过实验结果我们发现使用 ARIMA 拟合的数据无论是在老化状态的确定、还是在警告状态的确定上准确度都要优于使用原始数据的判定；本书所提出的算法在对老化和警告状态区间的确定上准确度也要好于单门限值算法。

第3章 基于叠加模型的资源消耗预测方法

当运行的软件系统中出现软件老化问题时，可以通过抗衰操作使系统恢复到初始的状态，但抗衰操作的执行会导致运行系统产生额外开销。为了降低抗衰操作引起的性能损失或经济损失，提前找到一个合适的抗衰时机至关重要。在以往的研究中，抗衰时机往往取决于对系统状态的预测结果。通过预测系统的状态，可以降低执行抗衰操作导致的成本，同时避免出现失效问题。

软件老化和抗衰的分析方法大致可以分为两类，基于时间的和基于检测的方法。其中基于检测的方法使用从运行的软件系统(一般是受控的软件系统)中收集的相关数据进行建模，并将模型用于老化分析。Magalhaes 等人[128]使用 Holt-Winters 模型预测资源消耗。Li 等人[129]使用一个神经网络模型检测运行软件系统中的老化问题。Hoffmann 等人[36]针对电信系统中出现的老化问题，使用线性回归、支持向量回归等方法预测电信系统中的资源消耗。尽管很多学者提出使用各种各样的方法，包括时间序列方法和机器学习方法，预测遭受老化影响系统的资源消耗情况，然而所使用的方法要么是线性方法要么是非线性方法，很难准确捕获资源消耗数据的特征。

ARIMA 模型是过去几十年来最流行的线性模型之一，常被用于预测外汇交易、解决社会和经济领域中的问题。ARIMA 模型[130]包含如下假设：时间序列是平稳的并且没有数据丢失，时间序列的将来值是现在值和过去值的线性表示，残差错误是一个白噪声。当时间序列中的数据存在非线性关系的时候，使用 ARIMA 模型对原始序列进行拟合是不合适的。由于现实世界中的时间序列往往是非线性的，[131]因此假定一个给定的时间序列仅拥有线性特征是不合适的。

对于非线性问题来说，人工神经网络和支持向量回归[132]是很好的建模方法，可用于处理时间序列的非线性问题。在过去的几十年里，人工神经网络和支持向量回归模型被应用于时间序列问题研究。[133~134] 当一个时间序列中过去、现在值的相互影响关系很难被表示时，使用人工神经网络和支持向量回归是合适的。当时间序列中存在多重共线性或者孤立点时，人工神经网络模型拟合效果往往要好于线性模型。当然如果收集的数据整体上呈现线性特征，则人工神经网络的表现[135]要比线性模型的表现差。ARIMA、人工神经网络和支持向量回归成功地应用于各自的线性和非线性领域，然而仅使用人工神经网络或支持向量回归对线性问题进行建模，以及仅使用 ARIMA 对复杂的非线性问题进行建模都是不合适的。由于很难得到一个给定序列的特征，因此对于一个未知的序列数据来说，使用多个模型或使用叠加模型策略往往可以克服使用单一模型带来的问题。

本章提出叠加模型方法用于研究受软件老化问题影响的 IIS Web 服务器中的资源消耗预测问题。使用叠加模型的理由[136]如下：首先，在实际工作环境中往往很难去判断资源消耗序列整体上是线性还是非线性的。因此，很难从线性或者非线性中选择一个合适的方法，来预测资源消耗序列。而且由于受很多因素的影响，如模型的非确定性、采样频率、参数的确定等，通常很难找到一个最优的模型。通过使用本书所提出的叠加模型，模型选择的问题可以得到很好地解决。其次，资源消耗时间序列通常不是纯粹的线性或者纯粹的非线性。资源消耗序列通常包含线性和非线性两种特征，这意味着单独使用线性或非线性模型用于资源消耗序列的建模可能都是不合适的。最后，一种被普遍接受的观点是：没有任何一种模型适用于所有的现实情形。许多研究[110,137~138]包括一些大数据的预测表明通过综合使用不同模型，预测精度会好于使用单个模型。

3.1 叠加模型方法

使用 ARIMA 模型表示复杂的非线性问题并不合适；同样使用人工神经网络、支持向量回归表示线性问题也不合适。Denton[109]指出，当数据中存在多重共线性或者离群点时，人工神经网络的表现要明显强于线性回归模型。Markham 等人[139]发现人工神经网络处理线性问题的效果依赖于样本的大小和其中存在的噪声。Balabin 等[140]比较了 14 个不同数据集中支持向量回归和人工神经网络的预测效果，指出支持向量回归在预测精度上与人工神经网络相当。Taskaya 等[110]指出通过使用不同的模型，可以降低模型选择失败的概率，并提高预测的准确率，这是因为数据中潜在的模式很难通过一种模型被完全发现。[141]本章使用不同类型的模型组成叠加模型是基于以下假设：很难通过单一类型的模型确定数据的产生过程，[142]同时单一类型的模型也很难刻画出数据的所有特征。[136]针对现实数据本身的复杂性，本书使用线性和非线性叠加模型来解决这一问题。事实上，在叠加模型中使用彼此差异很大的方法用于建模往往能产生更好的效果。[143~144]

对于任何一个选定的资源消耗序列来说，该序列可以看作由一个线性自相关部分和一个非线性部分构成。也就是说选定的资源消耗序列可以被分解为两个部分：线性部分和非线性部分。

本章提出叠加模型用于预测受老化影响的 IIS 服务器中的资源消耗情况。该叠加模型如公式(3.1)所示：

$$y_t = L_t + N_t \tag{3.1}$$

式(3.1)中 L_t 表示序列中的线性部分，N_t 表示非线性部分，y_t 表示整个资源消耗序列函数。其中序列中的线性部分和非线性部分需要通过对收集的资源消耗数据进行计算得到。式(3.1)蕴含了一个假设：一个资源消耗序列函数可以由线性部分和非线性部分通过简单的叠加得到。

上式可分为两步进行计算：

(1)使用线性模型对序列中的线性部分进行建模。该序列的残差部分将仅包含非线性的部分。本书使用 e_t 表示 t 时刻的残差，即收集的原始观测值减去线性模型的预测值。

$$e_t = y_t - \hat{L}_t \tag{3.2}$$

式(3.2)中 $\hat{L}_t$ 表示在 t 时刻线性部分的预测值，y_t 表示原始序列观测值。对于一个线性模型来说，残差可以用来检测线性模型是否满足要求，如果在残差序列中仍然存在线性相关结构，那么该选定的线性模型被认为不满足要求；然而即使残差序列通过了线性相关性检测，残差分析技术仍然不能检查出残差序列中的非线性关系，模型可能仍然不满足要求。事实上，目前没有一个合适的残差分析技术可以检测出残差序列中的非线性关系，这意味着仅仅使用线性模型表示数据序列是不合适的。

(2)残差序列中的非线性部分可以表示为：

$$e_t = f(e_{t-1}, \ e_{t-2}, \ \cdots, \ e_{t-n}) + u_t \tag{3.3}$$

其中 n 表示残差序列中输入变量的个数，$e_{t-1}, \ e_{t-2}, \ \cdots, \ e_{t-n}$ 表示残差序列中的过去值，e_t 表示在 t 时刻残差序列的当前值，u_t 表示随机错误，函数 f 可以看作 N_t 的估计值 $\hat{N}_t$，因此叠加模型可以表示为：

$$\hat{y}_t = \hat{L}_t + \hat{N}_t \tag{3.4}$$

式 (3.4) 中 $\hat{L}_t$ 表示线性模型的输出；$\hat{N}_t$ 表示非线性模型的输出；$\hat{y}_t$ 表示对资源消耗序列进行拟合的拟合值。

图 3.1 给出了基于叠加模型的资源消耗预测流程。

图 3.1　基于叠加模型的资源消耗预测流程

本书提出的叠加模型可用于对受老化影响的 IIS Web 服务器中的资源消耗进行预测：使用线性模型构造资源消耗序列数据的线性部分（这里采用 ARIMA 模型表示资源消耗序列的线性部分）；由于单纯使用线性模型不能捕获资源消耗数据中的非线性特征，因此需要使用非线性模型拟合残差序列中的非线性部分（这里将采用支持向量回归或人工神经网络表示非线性部分）。本书提出的资源消耗预测叠加模型充分利用了线性模型和非线性模型各自的优势，能够很好地对资源消耗数据的特征进行捕获，从而提高预测的精度。

除此之外，当使用 ARIMA 模型作为线性模型时，尽管可以使用一些准则来判断模型的阶数，如 AIC、BIC，但往往还需要对模型阶数做出主观的判断。Box 等人[116]指出在模型的实际选择过程中，如果模型中的低阶自相关性并不显著，则应尽量使用低阶自相关，而不使用高阶自相关。这种选择次最优模型的策略并不会影响叠加模型的效果。Granger[143]指出一个利用次优模型的叠加模型效果有时好于一个利用最优模型的叠加模型效果。

叠加模型的方法能够很好地捕获资源消耗序列中的线性特征和非线性特征，因此叠加模型的方法用于资源消耗预测的效果将好于单一模型。

3.1.1 资源消耗序列的线性部分拟合

本章使用第二章中使用的 ARIMA 模型对资源消耗序列中的线性部分进行建模。算法描述如下：

输入参数：资源消耗序列。

输出参数：资源消耗序列的线性部分和残差序列。

步骤：

(1)数据预处理。通过对数据进行转换，如对序列值取平方根或者取对数，并进行适当的差分，使一个不稳定的时间序列成为平稳的时间序列。

(2)模型定阶。通过自相关函数和偏自相关函数确定模型的阶。

(3)参数估计。通过一些方法，如对数似然函数，Akaike 信息准则(AIC)或者 Schwartz 信息准则(SBC)，确定 ARIMA 模型中的相关参数。

(4)模型检查。检查模型是否遵循稳态过程准则，如果遵循，则可以使用模型；如果不遵循，则转回步骤(2)。

(5)预测。如果模型通过了模型检查，则首先使用模型拟合资源消耗序列中的线性部分，然后使用原始观测值减去 ARIMA 的预测值得出残差序列。

3.1.2 资源消耗序列的非线性部分拟合

本章使用两类被广泛采用的非线性模型：支持向量回归和人工神经网络，对资源消耗序列中的非线性部分进行拟合。本节以支持向量回归模型为例，对资源消耗序列的非线性部分进行拟合。由于资源消耗序列本身数据量较小，因此使用非线性模型进行拟合时并不会出现收敛时间长等问题。

支持向量机算法是对广义肖像算法(generalized portrait algorithm)的非线性泛化。[145]可以说支持向量机算法是在统计学习理论和 VC 理论的基础上提出的。[146~148]在贝尔实验室，支持向量机算法得到了极大的发展。[149~152] Vapnik 和 Cortes 提出软间隔支持向量机算法：松弛变量 ξ_i 对数据 x_i 的错误分类进行度量(分类出现错误时 ξ_i 大于 0)，在目标函数中增加代价函数用来惩罚非零松弛变量,支持向量机算法的寻优过程即是大的分隔间距和小的误差补偿之间的平衡过程。

支持向量回归(support vector regression,SVR)[153~156]通过采用支持向量机算法的思路来解决时间序列和回归中出现的问题。支持向量回归算法同支持向量机算法的出发点一样,都是寻找最优超平面,但支持向量回归的目的不是找到两种数据的分割平面,而是找到能准确预测数据分布的平面,两者最终都转换为了最优化问题的求解。

对一个资源消耗残差序列来说,序列数据可以写作:(e, e_t),$e = (e_1, \cdots,$ $e_i, \cdots, e_m)$,$i = 1, \cdots, m$。e_t的值是输入向量 e 对应的目标值,e_t 来自资源消耗残差序列。通常情况下可以将一个残差序列表示为:

$$f(e) = \langle w, e \rangle + b \tag{3.5}$$

这里 w 和 b 表示最优回归的权重和截距,$\langle \cdot, \cdot \rangle$ 表示参数的内积。

支持向量回归模型试图将原始观测空间中的观测数据映射到一个高维特征空间中,并进行回归分析。在众多支持向量回归模型中,使用最多的方法是引入一个 ε 不敏感损失函数[157~158]在高维特征空间完成回归。

$$|e_t - f(e)|_\varepsilon = \begin{cases} 0, & \text{if } |e_t - f(e)| \leq \varepsilon \\ |e_t - f(e)| - \varepsilon, & \text{otherwise} \end{cases} \tag{3.6}$$

使用回归函数拟合数据 $\{e^{(i)}, e_t^{(i)}\}$,$i = 1, \cdots, m$,则有:

$$\begin{cases} e_t^{(i)} - < w, e^{(i)} > - b \leq \varepsilon \\ < w, e^{(i)} > + b - e_t^{(i)} \leq \varepsilon \end{cases} \tag{3.7}$$

根据结构风险最小化原则,$f(e)$ 应使 $\dfrac{1}{2} \| w \|^2$ 最小。为了度量 ε 不敏感损失函数外的训练样本,引入非负松弛变量 ξ_i 和 ξ_i^*。则式(3.7)变为:

$$\begin{cases} \langle w, x_i \rangle - b - y_i \leq \varepsilon + \xi_i \\ y_i - \langle w, x_i \rangle + b \leq \varepsilon + \xi_i^* \end{cases} \tag{3.8}$$

本书将带有 ε 不敏感损失函数的支持向量回归简称为支持向量回归。

带有约束条件的优化目标函数可以被表示为:

$$\min_{w,\,b} \frac{1}{2} \langle w,\ w \rangle + C \sum_{i=1}^{m} (\xi_i + \xi_i^*)$$

$$\text{subject to} \quad (\langle w,\ \phi(e_i) \rangle + b) - y_i \leqslant \varepsilon + \xi_i \tag{3.9}$$

$$y_i - (\langle w,\ \phi(e_i) \rangle + b) \leqslant \varepsilon + \xi_i^*$$

$$\xi_i,\ \xi^*_{\ i} \geqslant 0$$

式(3.9)中，C 为正则化参数，控制对超出误差的样本的惩罚程度，用于平衡模型训练误差和复杂性的参数；ε 为不敏感损失函数参数，其取值大小会影响支持向量的数目；ξ_i 和 ξ_i^* 是松弛变量，当预测值超过给定的 ε 时使用。

式(3.9)中 $\phi(e)$ 表示从一个原始空间(低维空间)到特征空间(高维空间)的非线性映射，式(3.5)可以重写为：

$$f(e) = \langle w,\ \phi(e) \rangle + b \tag{3.10}$$

这里引入拉格朗日算子，建立拉格朗日方程，对式(3.9)中的 w, b, ξ_i, ξ_i^* 参数求偏导并设置结果值为 0，经过转换最终得到如下的沃尔夫对偶形式：

$$\max_{\alpha,\,\alpha^*} \sum_{i=1}^{m} e_t^{(i)} (\alpha_i - \alpha_i^*) - \varepsilon \sum_{i=1}^{m} (\alpha_i + \alpha_i^*)$$

$$- \frac{1}{2} \sum_{i=1}^{m} \sum_{j=1}^{m} e_t^{(i)} (\alpha_i^* - \alpha_i) - \varepsilon \sum_{i=1}^{m} (\alpha_j^* - \alpha_j) K(e^{(i)},\ e^{(j)}) \tag{3.11}$$

$$\text{subject to} \quad \sum_{i=1}^{m} (\alpha_i^* - \alpha_i) = 0$$

$$0 \leqslant \alpha_i,\ \alpha_i^* \leqslant C$$

式(3.11)中 α_i 和 α_i^* 是拉格朗日算子。$K(e^{(i)},\ e^{(j)})$ 是表示 $\langle \phi(e^{(i)})$, $\phi(e^{(j)}) \rangle$ 内积的一个核函数。

如果 $0 < \alpha_i,\ \alpha_i^* < C$，则相应的训练样本是一个自由支持向量。

如果 $\alpha_i,\ \alpha_i^* = C$，则相应的训练样本是一个边界支持向量。

如果 $\alpha_i,\ \alpha_i^* = 0$，则相应的训练样本是一个非支持向量。

其中自由支持向量和边界支持向量被称为支持向量。

假设 $\hat{\alpha}_i$ 和 $\hat{\alpha}_i^*$ 是通过计算得出的最优值，通过使用序列最小优化算法，[159] 资源消耗残差序列预测中使用的公式可以表示为：

$$f(x) = \sum_{i=1}^{m} (\hat{\alpha}_i^* - \hat{\alpha}_i) K(x_i, x) + \hat{b} \tag{3.12}$$

3.2　实验验证

3.2.1　实验设置

本章中的实验环境和所用数据与第二章中的实验环境和所用数据相同。

3.2.2　基于叠加模型的可用内存预测

Li[33]等人在分析 Apache 服务器中的老化问题时, 将收集到的 7101 个数据中的第 1 到第 4000 个数据, 约占总数据量的 56%, 作为训练集训练模型; 将第 4001 到第 7101 个数据作为验证集。Grottke[34]等人使用季节性自回归模型对 Apache 服务器的可用内存、响应时间、已用交换空间进行了预测, 实验中作者收集的数据集个数为 7208 个, 通过使用其中的前 4000 个, 约占总数据量的 55%, 用于训练模型; 使用最后的 3208 个用于验证模型。在交叉验证中, holdout 验证通常将少于样本三分之一的数据作为验证数据。本书将数据集分为两个部分: 训练集和验证集。经过多次的实验, 本书将整个数据集中的前 8000 个数据作为训练集, 大概占所有数据的 70%; 将剩余的数据作为验证集用于验证模型, 同时避免过拟合问题。

用于可用内存预测的叠加模型包含两个部分: 线性部分和非线性部分。对于使用支持向量回归作为非线性部分的叠加模型来说, 线性部分的 ARIMA 模型写为 ARIMA (2, 1, 2); 非线性部分的支持向量回归参数值如下: 参数 C 的值为 50, epsilon 的值为 0.6, gamma 的值为 40。对于使用人工神经网络作为非线性部分的叠加模型来说, 线性部分的 ARIMA 模型写为 ARIMA (2, 1, 2); 非线性部分为单层感知器人工神经网络: 包含 2 个输入节点, 1 个含有 30 个节点的隐含层以及 1 个输出节点的输出层, 简写为 N (2-30-1)。

使用支持向量回归作为非线性部分的叠加模型, 其拟合的训练集和预测的验证集结果见图 3.2 及图 3.3。使用人工神经网络作为非线性部分的叠加模型, 其拟合的训练集和预测的验证集结果见图 3.4 和图 3.5。

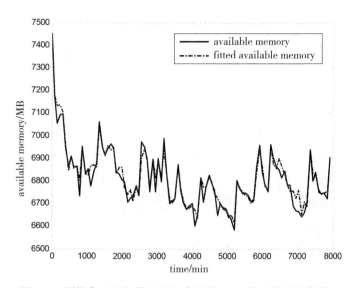

图 3.2　训练集上叠加模型的拟合结果(SVR 作为非线性部分)

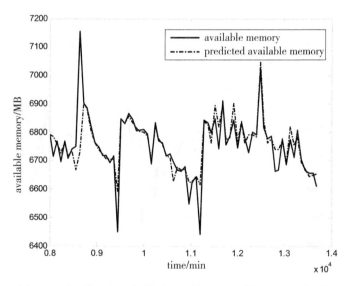

图 3.3　验证集上的叠加模型预测结果(SVR 作为非线性部分)

　　根据所提出的叠加模型在可用内存上的拟合情况可以发现所提出的模型不仅可以很好地拟合观测值，也可以很好地预测可用内存的将来值。在图 3.3 和图 3.5 中，尽管可用内存还有很多，但服务器却因性能问题被重启，这说明老化问

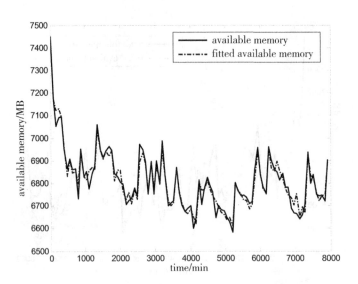

图 3.4　训练集上叠加模型的拟合结果(ANN 作为非线性部分)

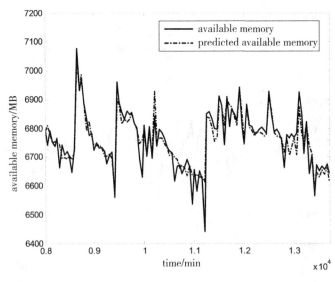

图 3.5　验证集上的叠加模型预测结果(ANN 作为非线性部分)

题可能不是发生在操作系统层面而是发生在 Web 应用层面。在图 3.3 和图 3.5
中，从整体上来看，叠加模型具有较好的预测能力，但我们还需要了解所提出叠
加模型短期的预测效果。图 3.6 至图 3.10 给出了 ARIMA、人工神经网络、支持

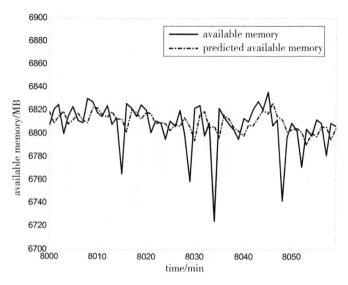

图 3.6 前 60 个点 ARIMA 预测结果

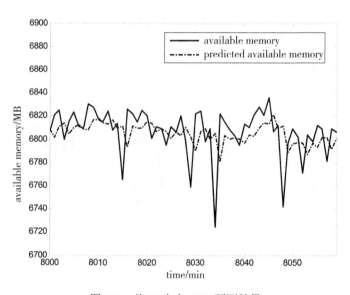

图 3.7 前 60 个点 ANN 预测结果

向量回归及所提出的叠加模型关于验证集中前 60 个数据的预测结果。

在图 3.9 和图 3.10 中，叠加模型很好地预测出了验证集中前 60 个点的可用内存值。为了解叠加模型在最后阶段的预测情况，图 3.11 至图 3.15 给出了

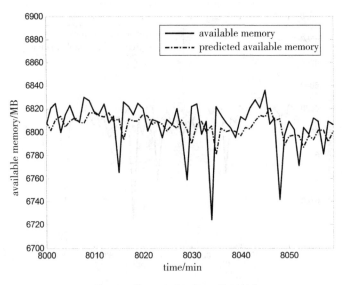

图 3.8　前 60 个点 SVR 预测结果

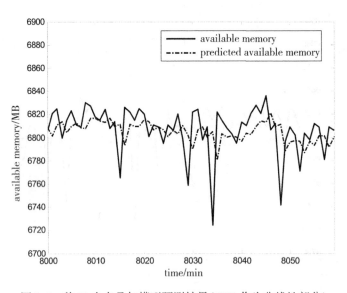

图 3.9　前 60 个点叠加模型预测结果（SVR 作为非线性部分）

ARIMA、人工神经网络、支持向量回归及所提出的叠加模型关于验证集中最后 60 个数据的预测结果。

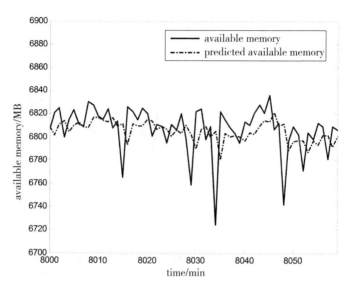

图 3.10 前 60 个点叠加模型预测结果(ANN 作为非线性部分)

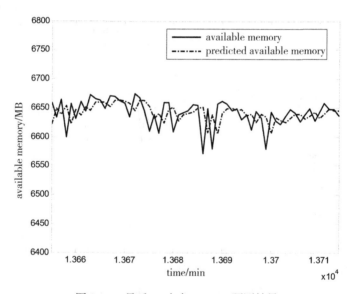

图 3.11 最后 60 个点 ARIMA 预测结果

在图 3.12 和图 3.13 中，最后 60 个点的预测值高估了原始观测值，特别是在图 3.13 中。同时我们发现在最后阶段尽管可用内存还有大量剩余，但是服务器还是被重新启动了。

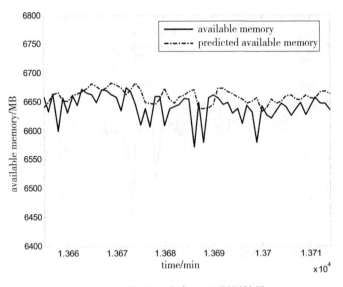

图 3.12　最后 60 个点 ANN 预测结果

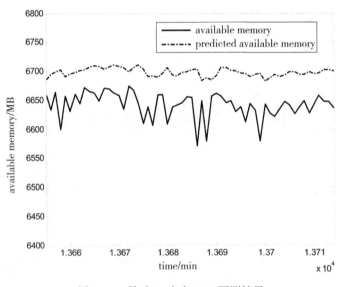

图 3.13　最后 60 个点 SVR 预测结果

3.2.3　基于叠加模型的堆内存预测

经过多次的实验，本书使用最开始的 8000 个堆内存的原始观测记录作为训练集训练叠加模型，使用所采集数据中的剩余数据作为验证集。

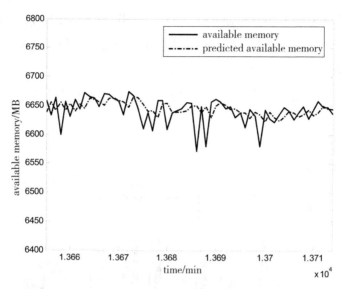

图 3.14　最后 60 个点叠加模型预测结果(SVR 作为非线性部分)

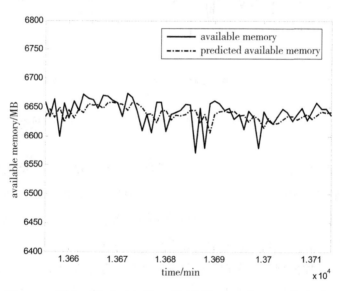

图 3.15　最后 60 个点叠加模型预测结果(ANN 作为非线性部分)

　　通过多次训练和验证，对于使用支持向量回归作为非线性部分的叠加模型来说，选择 ARIMA（3，1，3)作为叠加模型的线性部分；非线性部分参数值如下：

参数 C 的值为 20，epsilon 的值为 0.6，gamma 的值为 40。对于使用单层感知器人工神经网络作为非线性部分的叠加模型来说，选择 ARIMA（3，1，3）作为叠加模型的线性部分；非线性部分则为：包含 3 个输入节点，一个含有 5 个节点的隐含层以及 1 个输出节点的输出层，简写为 N（3-5-1）。

　　应用层中叠加模型用于训练堆内存的(支持向量回归作为非线性部分)拟合结果见图 3.16。

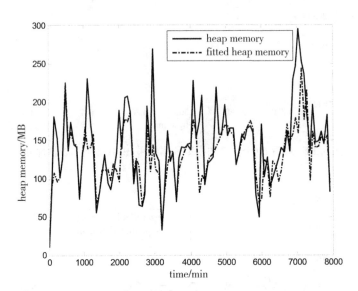

图 3.16　训练集上叠加模型的拟合结果(SVR 作为非线性部分)

　　在图 3.16 中，叠加模型可以很好地拟合观测值，并且可以反映堆内存的使用趋势，但是在第 7000 个点左右出现了堆内存使用的大幅增长，通过观察负载数据可以发现，在此时间段有持续较高的访问请求。此后这些累积的访问请求被陆续处理，因此在一段时间之后堆内存的使用减少了。

　　为了测试叠加模型对于未知数据的预测效果，基于剩余的验证集，本书使用叠加模型预测堆内存序列的将来行为。预测值和观测值结果见图 3.17。

　　使用人工神经网络作为非线性部分的叠加模型，其拟合的训练集和预测的验证集结果见图 3.18 及图 3.19。

　　在图 3.17 和图 3.19 中，从整体上来看，叠加模型具有较好的预测能力，但我们还需了解叠加模型短期的预测效果。图 3.20 至图 3.24 给出了 ARIMA、人工

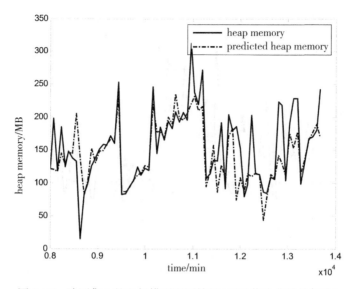

图 3.17　验证集上的叠加模型预测结果(SVR 作为非线性部分)

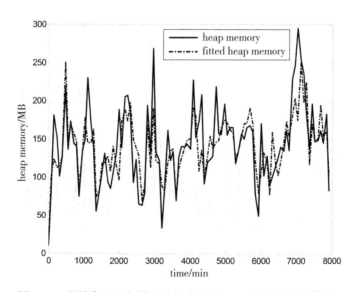

图 3.18　训练集上叠加模型的拟合结果(ANN 作为非线性部分)

神经网络、支持向量回归及叠加模型关于验证集中前 60 个数据的预测结果。

在图 3.23 和图 3.24 中,叠加模型很好地预测了验证集上最初的堆内存使用情况。为了解叠加模型在最后阶段的预测效果, 图 3.25 至图 3.29 给出了

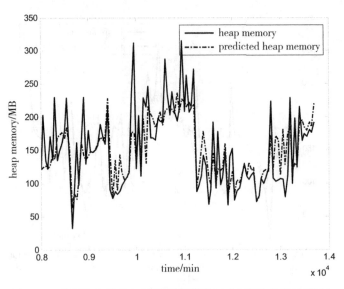

图 3.19　验证集上的叠加模型预测结果(ANN 作为非线性部分)

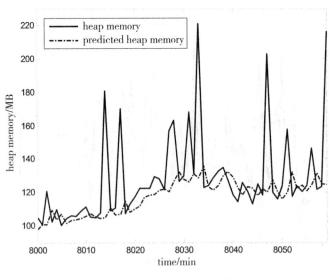

图 3.20　前 60 个点 ARIMA 预测结果

ARIMA、人工神经网络、支持向量回归及叠加模型关于验证集中最后 60 个数据
的预测结果。

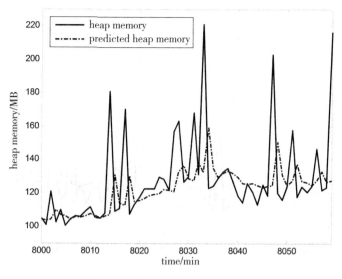

图 3.21 前 60 个点 ANN 预测结果

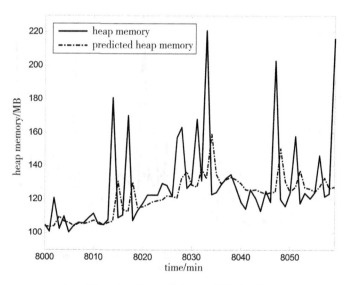

图 3.22 前 60 个点 SVR 预测结果

在图 3.27 中，支持向量回归模型低估了最后 60 个点的堆内存观测值。在图 3.28 和图 3.29 中，所提出的叠加模型无论是使用支持向量回归还是使用人工神经网络作为非线性部分都很好地调整了线性模型 ARIMA 的拟合结果。

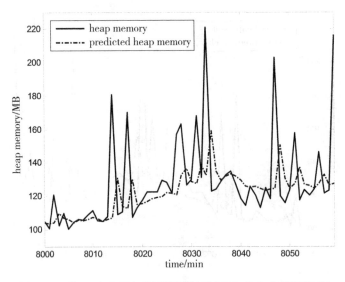

图 3.23　前 60 个点叠加模型预测结果(SVR 作为非线性部分)

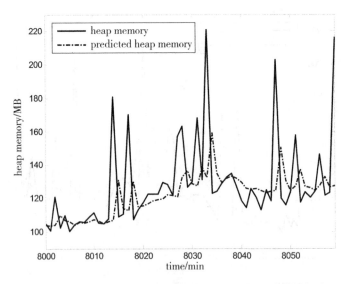

图 3.24　前 60 个点叠加模型预测结果(ANN 作为非线性部分)

3.2.4　结果比较

在本节中，我们使用平均绝对误差将所提出的叠加模型的预测能力与其他模型——ARIMA、人工神经网络、支持向量回归模型进行了比较。平均绝对误差

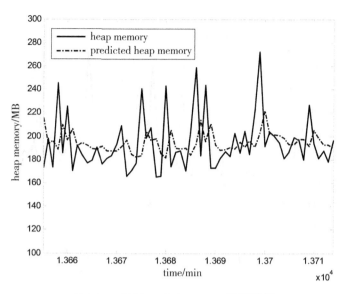

图 3. 25 最后 60 个点 ARIMA 预测结果

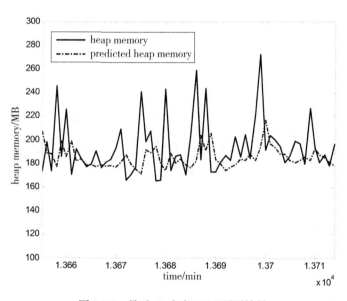

图 3. 26 最后 60 个点 ANN 预测结果

MAE 定义如下:

$$\text{MAE} = \frac{1}{n} \sum_{t=1}^{n} |y_t - \hat{y}_t| \tag{3.13}$$

75

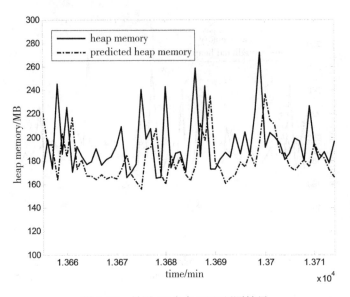

图 3.27　最后 60 个点 SVR 预测结果

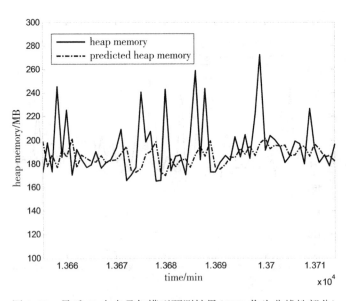

图 3.28　最后 60 个点叠加模型预测结果(SVR 作为非线性部分)

式(3.13)中，$\hat{y}_t$ 指预测值，y_t 指观测值，n 为观测值的个数。

所提出叠加模型的预测结果与 ARIMA、人工神经网络、支持向量回归的结果比较见表 3.1 和表 3.2。

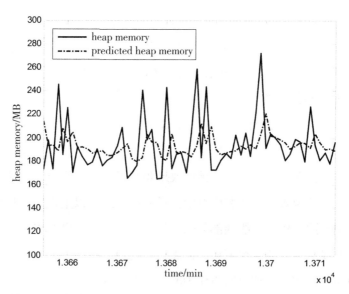

图 3.29 最后 60 个点叠加模型预测结果(ANN 作为非线性部分)

表 3.1 叠加模型与其他模型在可用内存预测结果上的比较

模型	前 60 个点	最后 60 个点	验证集上的所有数据
ARIMA	15. 117	18. 872	23. 881
ANN	17. 527	21. 967	25. 152
SVR	15. 214	56. 546	24. 728
叠加模型(SVR 作为非线性部分)	13. 390	16. 709	22. 149
叠加模型(ANN 作为非线性部分)	14. 838	18. 443	23. 795

表 3.2 叠加模型与其他模型在堆内存预测结果上的比较

模型	前 60 个点	最后 60 个点	验证集上的所有数据
ARIMA	15. 625	19. 413	25. 303
ANN	20. 408	18. 977	26. 429
SVR	16. 739	24. 908	25. 741
叠加模型(SVR 作为非线性部分)	14. 413	18. 257	22. 468
叠加模型(ANN 作为非线性部分)	14. 713	18. 601	23. 96

在表 3.1 中，支持向量回归的预测效果要好于人工神经网络，但是从最后 60 分钟的预测结果来看，支持向量回归在所有模型中预测效果是最差的。与人工神经网络和支持向量回归相比，ARIMA 预测效果总体较好。通过以上模型的比较发现，叠加模型尤其是使用支持向量回归作为非线性部分的叠加模型，无论在长期还是短期对可用内存的预测效果都要好于单一的线性或非线性模型。

在表 3.2 中，支持向量回归的预测效果要好于人工神经网络，尽管在最后 60 分钟的时间里其预测效果在所有模型中是最差的。通过以上模型的比较发现，尽管使用人工神经网络作为非线性部分的叠加模型的预测效果要略差于使用支持向量回归作为非线性部分的叠加模型，但无论是使用支持向量回归作为非线性部分的叠加模型还是使用人工神经网络作为非线性部分的叠加模型在长期和短期堆内存的预测效果上都要好于单一的模型。

3.2.5　资源耗尽时间

在抗衰时机的选择上，基于检测的方法往往使用固定门限值或者资源耗尽时间来进行抗衰时机的选择。本书使用 Garg 等人[31] 提出的资源耗尽时间[31,127,160] 来计算失效时间，定义如下：

$$T_{\text{fail}} = \frac{R_{\max_i} - R_{i,\,t}}{S_i} \tag{3.14}$$

式 (3.14) 中，T_{fail} 表示根据资源耗尽计算得到的失效时间，$R_{\max_i}$ 表示对于资源 i 来说最大的消耗值，$R_{i,\,t}$ 是资源 i 在 t 时刻的值，S_i 是每分钟资源消耗的速度。

需要说明的是，对于可用内存来说，在计算资源耗尽时间之前，需要将其转化为已用内存，即系统最大可用内存减去当前可用内存的部分。

图 3.30 给出了使用原始已用内存数据和使用支持向量回归作为非线性部分叠加模型的已用内存的资源耗尽时间。

图 3.31 给出了使用原始堆内存数据和使用支持向量回归作为非线性部分叠加模型的堆内存的资源耗尽时间。

在图 3.30 和图 3.31 中，使用系统层和应用层两类数据对资源耗尽时间进行预测结果存在较大的差异。通过使用叠加模型对已用内存和堆内存进行拟合，对

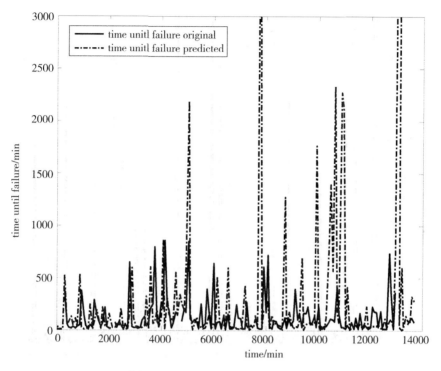

图 3.30　已用内存的资源耗尽时间

资源耗尽时间的预测效果要好于原始数据的资源耗尽时间预测效果，尤其是预测的最后阶段使用叠加模型对堆内存的资源耗尽时间进行预测的效果要明显好于原始的堆内存资源耗尽时间的预测效果。但在图 3.30 和图 3.31 中，对资源耗尽时间的预测结果存在较大的误差，无论是使用原始数据计算的资源耗尽时间还是使用叠加模型拟合的数据计算的资源耗尽时间都不是很准确。

表 3.3 给出了使用平均绝对误差(真实值和预测值之差的平均)衡量资源耗尽时间的计算结果。

在表 3.3 中，尽管四类数据的资源耗尽时间从整体上看平均绝对误差都很大，但是本书提出的叠加模型无论是在已用内存还是在堆内存上对资源耗尽时间的预测效果都要好于原始数据的预测效果，尤其是在 IIS Web 服务器运行的最后阶段平均绝对误差要明显好于使用原始数据计算的平均绝对误差。

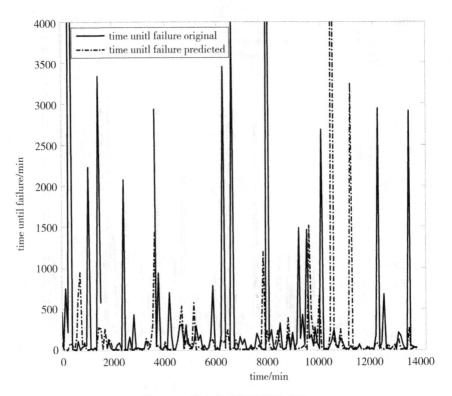

图 3.31　堆内存的资源耗尽时间

表 3.3　　　　　　　　　　　　　　资源耗尽时间的平均绝对误差

资源耗尽时间	所有数据的平均绝对误差	最后 60 分钟的平均绝对误差
原始的已用内存	6948.329	542.226
使用 SVR 作为非线性部分叠加模型的已用内存	6732.942	75.983
原始的堆内存	7618.002	51.323
使用 SVR 作为非线性部分叠加模型的堆内存	7154.254	28.011

3.3 小结

本章提出一个基于叠加模型的资源消耗预测方法用于提高资源消耗的预测精度。叠加模型的构建分为三步：首先使用 ARIMA 模型捕捉所采集的资源消耗序列的线性特征；然后使用非线性模型：支持向量回归或人工神经网络模型捕获残差序列中的非线性部分；最后将两部分的预测结果进行简单的线性叠加作为最终的预测表达式。通过遭受老化影响的 IIS Web 服务器中可用内存和堆内存的实验，可以发现无论是使用支持向量回归作为非线性部分的叠加模型还是使用人工神经网络作为非线性部分的叠加模型在预测效果上都要好于使用单一的模型。为了找到合适的抗衰时机，本书对 IIS 服务器中的已用内存和堆内存的资源耗尽时间进行计算，发现尽管从整体上看计算得到的资源耗尽时间平均绝对误差较大，但使用所提出的叠加模型计算的资源耗尽时间结果要好于使用原始数据计算的资源耗尽时间结果。

第4章 混合模型下的性能评估

随着软件系统越来越庞大和复杂，软件在长时间运行后会出现性能下降问题，这种性能下降问题是软件故障导致的软件错误累积造成的。软件老化现象是一种软件系统出现性能下降、服务错误甚至突然停机的现象。为解决软件老化引起的软件系统性能退化问题，学界提出了软件抗衰的方法，即停止软件老化系统的运行，重新启动软件服务，以使得软件系统恢复到鲁棒状态。虽然抗衰操作可以解决软件老化带来的问题，但也会带来直接和间接的损失。因此，在服务质量和恢复软件服务带来的损失之间需要作出权衡。

以连续时间马尔可夫链、马尔可夫抗衰随机 Petri 网、半马尔可夫过程和马尔可夫抗衰过程模型等解析模型为例，这些方法通过对软件状态进行捕获，确定软件系统的抗衰时机。尽管这些分析方法在中长期软件老化的处理上具有优势，但不能捕捉到软件老化的短期特征，即不能及时反映软件老化的短期状态，可能会造成抗衰不足的问题出现。

在老化抗衰操作阶段，软件抗衰被视为一个动态决策过程，为此需要对软件系统的当前和未来状态进行捕获和预测，以决定何时进行抗衰操作。软件的状态可以根据软件系统的参数进行判定，其中系统状态参数包含资源消耗参数和性能参数。资源消耗参数包括可用内存、堆内存等；性能参数由响应时间、CPU 使用率等组成。通过定期从软件系统中收集这些参数，可以利用时间序列算法或机器学习算法预测资源消耗情况或性能状态，以此选择最优时间进行抗衰操作。

时间序列算法和机器学习算法按照预测方法的不同可以分为线性方法和非线性方法。自回归累积移动平均模型作为最常用的方法之一，又被称为 ARIMA。ARIMA 包含三个模型：自回归模型（AR）、移动平均模型（MA）和自回归移动平均模型（ARMA）。ARIMA 方法尽管能够给出满足一定精度的资源消耗预测结果，但有一个局限性：即要求将来值与当前值存在线性相关关系，并且噪声为白噪声。因此，对于很多现实情形来说，仅使用 ARIMA 构造资源消耗序列可能不足以满足资源消耗预测要求。人工神经网络，也称为 ANN，是一种非线性和非参数的方法。人工神经网络可以将输入变量值映射为非线性输出值。作为一种非参数和数据驱动的方法，ANN 对数据生成过程施加了一些先验假设，因此与其他非线性参数方法相比，ANN 不容易受到误差假设的影响。尽管人工神经网络具有能够模拟任意非线性函数的优点，但一些研究者指出，人工神经网络在某些情况下的预测性能甚至比线性方法还要差，如，数据在生成过程中只存在线性趋势，这种情况下 ANN 的预测结果比一些线性方法要差。

ANN 和 ARIMA 在线性或非线性领域都有出色的表现。然而，仅仅使用单一的模型，如 ANN 或 ARIMA，来对可能包含线性和非线性结构的资源消耗序列进行建模并不合适。为了捕捉资源消耗序列的线性结构和非线性结构，我们提出了基于混合模型的方法来克服单一线性或非线性模型的局限性，以提高预测精度。该模型充分利用了线性和非线性方法各自的优点，可以捕获不同情况下的数据呈现出的线性和非线性特征。

在该混合模型方法中，资源消耗序列被视为具有线性和非线性特征。首先，本书利用线性方法拟合资源消耗序列中的线性结构。其次，本书采用非线性方法对残差线性结构和非线性结构进行拟合。最后，本书利用训练出的模型对资源消耗进行预测。

4.1　相关方法

自 20 年前 Huang 提出软件老化的概念后，在许多运行的软件系统中都发现了软件老化现象，包括电信系统、操作系统、Web 服务器和云计算。软件老化是软件缺陷被激活引起的，涉及软件老化相关的缺陷，又称为 Mandel bug，此类缺陷在测试环境中很难被重现并清除。为了能够提前规划软件的抗衰操作，需要对软件的状态进行准确的预测，基于此许多研究者对资源消耗进行了分析或对性能退化进行了评估。Garg 等[31]指出在 UNIX 系统中，可以通过季节 Kendall 测试来检测软件老化。季节 Kendall 测试通过判断是否存在趋势来分析资源利用率的趋势。然而，Machida 等[32]指出，在软件老化检测中，仅使用 Kendall 测试结果作为判断老化的标准，会出现误判问题。Grottke 等[34]使用季节模型分析性能参数、响应时间，以判断 Apache Web 服务器是否存在老化现象。Hua 等[161]研究了具有性能退化的硬实时任务集的资源消耗情况，提出一种抗衰的解决方法，该方法由三个部分组成：性能退化和周期抗衰模型、性能退化和周期抗衰的资源消耗分析、资源调度策略。然而，这项工作并没有将研究的方向集中在提高资源消耗预测的准确性上。针对开源软件的老化问题，Kula 等[162]对第三方库的软件老化进行了分析，实验结果表明，对第三方图书馆老化问题的研究有助于图书馆维护其客户端系统。Yohannese 等[163]结合随机堡垒与信息增益对软件故障预测方法进行了改进，发现该方法的 ROC 最高为 0.909，该方法对我们的研究是一个很好的启示。Yakhchi 等[164]使用多层感知器神经网络预测由老化问题导致的系统崩溃时间，在实验中发现多层感知器神经网络相较于其他方法预测结果的准确性更高。

Machida 等[165]在软件老化发生后，利用半马尔可夫模型捕捉软件系统的运行行为，来分析运行软件系统的可用性，以延长软件运行时间。为了找到合适的时机来恢复软件系统，Machida 等[166]提出了一个具有无限缓冲区大小的 M/M/1 队列来模拟系统状态，实验结果表明，软件系统是否出现退化状态由系统运行状态(如资源消耗或性能指标)判定。

然而，无论是使用时间序列方法还是机器学习方法对资源消耗进行预测，以上方法都没有充分地考虑资源消耗序列的特性，这意味着大多数方法要么只考虑序列的线性特征，要么只考虑非线性部分。因此，采用混合方法，充分考虑各类特征的影响，可以提高预测的准确性。

4.2　数据预处理

由于软件老化过程是一个逐渐老化的过程，因此在使用数据进行训练和测试之前，需要从原始数据系列中消除一些突然出现的阶跃值，在这项工作中，我们使用自组织映射网(SOM，一种无监督的方法)[167]来平滑数据。选择 SOM 平滑数据的原因是，与其他矢量量化算法相比，SOM 是一种高效且快速的复杂度较低的方法。

一个资源消耗序列可以表示为：

$$x_t^{t-p+1} = \{x(t-p+1)，\cdots，x(t-1)，x(t)\} \tag{4.1}$$

其中 x_t^{t-p+1} 具有 p 个元素且与 $X(t)$ 具有相同的向量，t 大于等于 0 且小于 n，n 是资源消耗序列中数据的个数，$x(t)$ 是序列 x_t^{t-p+1} 在 t 时刻的值。

输入向量 x_t^{t-p+1} 的训练过程用于找到最佳向量 w_b，并将 SOM 中的相应单位或神经元作为最佳匹配单位。本章使用欧几里得距离作为距离度量标准：

$$\| X(p-1) - w_b(p-1) \| = \min_{i \in S_m} \| x - w_i(p-1) \| \tag{4.2}$$

其中 m 是一个映射空间，权重更新规则如下：

$$w_i(p) = w_i(p-1) + \gamma(p-1)h_{i,b}(p-1)(x(p-1) - w_i(p-1)) \tag{4.3}$$

其中 $\gamma(p-1)$ 的取值大于 0 且小于 1，$h_{i,b}$ 是一个与单元 i 相邻的最佳匹配单元 n 的邻域函数。同时 $h_{i,b}$ 是一个形如 $h_{ib}(p-1) = \exp(-\| r_i - r_b \|^2 / \sigma(p-1)^2)$ 的高斯函数，其中 $\sigma(p-1)$ 是标准差，r_i 为表示单元 i 的向量，r_b 为表示最佳匹配单元 b 的向量。

4.3 混合模型方法

为了克服单一模型的不足，本书结合不同模型的优点，找出资源消耗数据中潜在的模式，提出了一种混合模型的方法。该模型基于以下假设：一个模型，无论是线性模型还是非线性模型都不能充分地表示一个资源消耗序列的数据特征。如果一个资源消耗序列在一个时滞内具有线性和非线性特征，那么无论是非线性方法还是线性方法都无法单独表达该序列的特征。在本书中，我们使用 ARIMA 作为线性模型来表示一个资源消耗序列中的线性趋势，并使用 ANN 来拟合潜在的非线性特征和剩余的线性趋势。

4.3.1 ARIMA 模型

ARIMA 是最常用的线性方法之一，于半个多世纪前被提出。ARIMA 是一种经过调整的随机游走和随机趋势模型，包括若干滞后值、随机误差和预测值，其形式如下：

$$\begin{cases} \varPsi(B) \ \nabla^d x_t = \varTheta(B)\varepsilon_t \\ \varPsi(B) = (1 - \varphi_1 B - \varphi_2 B^2 - \cdots - \varphi_p B^p) \\ \varTheta(B) = (1 - \theta_1 B - \theta_2 B^2 - \cdots - \theta_q B^q) \end{cases} \tag{4.4}$$

其中，B 为后向移位算子，x_t 为给定时刻的观测值，ε_t 为给定时刻的随机误差(白噪声)，∇^d 为 d 阶微分的多阶差分算子，p 和 q 为模型阶数。

如果模型是稳定的，则可以表示为 ARMA：

$$\begin{cases} \varPsi(B) x_t = \varTheta(B)\varepsilon_t \\ \varPsi(B) = (1 - \varphi_1 B - \varphi_2 B^2 - \cdots - \varphi_p B^p) \\ \varTheta(B) = (1 - \theta_1 B - \theta_2 B^2 - \cdots - \theta_q B^q) \end{cases} \tag{4.5}$$

如果 q 为 0，则模型为 p 阶 AR：

$$x_t = \varphi_1 x_1 + \cdots + \varphi_p x_{t-p} + \varepsilon_t \tag{4.6}$$

如果 p 为 0，则模型为 q 阶 MA：

$$x_t = \varepsilon_t - \theta_1 \varepsilon_{t-1} - \cdots - \theta_q \varepsilon_{t-q} \tag{4.7}$$

ARIMA 也称为 Box and Jenkins 方法，该方法使用自相关函数和部分自相关函数来确定 p 和 q 的值。同时，还有一些其他方法可用于确定模型的阶数。此外，遗传算法[46]也可用于改善阶数的选择。

4.3.2　人工神经网络

人工神经网络包括反向传播网络、感知器、自组织网络、Hopfield 网络、Boltzmann 机，作为灵活的计算平台可以对大量非线性问题进行建模。人工神经网络模型可以高度准确地拟合任意非线性函数。多层感知器，尤其是具有一个隐藏层的感知器，是最常用的人工神经网络之一，可以用于时间序列的建模和预测。具有一个隐藏层的神经网络模型可以表示为：

$$x_t = w_0 + \sum_{j=1}^{q} w_j g \left(w_{0j} + \sum_{i=1}^{p} w_{i,j} x_{t-i} \right) + \varepsilon_t \tag{4.8}$$

其中 w_j 和 $w_{i,j}$ 是连接权重，p 是输入节点数，q 是隐藏层节点数，g 是隐藏层函数。在大多数情况下，隐藏层函数选择 S 型函数，即：

$$g(x) = \frac{1}{1 + \exp(-x)} \tag{4.9}$$

由于 Sigmoid 函数是非线性函数，因此神经网络将先前的观测值映射为预测值，即：

$$x_t = f(x_{t-p}, \cdots, x_{t-1}, W) + \varepsilon_t \qquad (4.10)$$

其中 W 是比例矢量，f 是非线性函数。

4.3.3 混合模型方法

本章提出了一种将人工神经网络与 ARIMA 相结合的方法，以提高资源消耗预测的准确性。混合模型方法分别利用 ARIMA 和 ANN 的优势，其性能不比任何单个模型差。

在本章中，资源消耗序列可以看作包含两个部分：线性部分和非线性部分：

$$x_t = f(L_t + N_t) \qquad (4.11)$$

其中 L_t 是线性部分，N_t 是资源消耗序列的非线性部分。这两个部分可以通过对数据进行拟合得到。混合模型方法的构建及运用包括三个步骤。

第一步，使用线性模型 ARIMA 拟合资源消耗序列的线性部分，L_t 可以表示为：

$$\hat{L}_t = x_t = \varphi_1 x_{t-1} + \cdots + \varphi_p x_{t-p} + \cdots + \varepsilon_t - \theta_1 \varepsilon_{t-1} - \cdots - \theta_q \varepsilon_{t-q} + e_t \quad (4.12)$$

其中，$\hat{L}_t$ 是 t 时刻的 L_t 估计量，e_t 是 t 时刻的序列残差。进行线性拟合后，数据序列将成为残差资源消耗序列。在第一步中，我们可以获得预测值和残差数据。

第二步，捕获残差序列和原数据序列中的非线性部分：

$$N_t^{(1)} = f^{(1)}(e_{t-m}, \cdots, e_{t-1}) \qquad (4.13)$$

$$N_t^{(2)} = f^{(2)}(x_{t-n}, \cdots, x_{t-1}) \qquad (4.14)$$

$$N_t = f(N_t^{(1)}, N_t^{(2)}) \qquad (4.15)$$

其中，$f^{(1)}$ 用于捕获残差序列中的非线性部分；$f^{(2)}$ 用于捕获原始序列中的非线性部分；f 用于捕获原始序列和残差序列的非线性部分，m 和 n 是输入节点个数。

经过整合，混合模型方法可以表示如下：

$$x_t = f(\hat{L}_t, N_t^{(1)}, N^{(2)}) \qquad (4.16)$$

其中 f 是一个由神经网络确定的非线性函数，使用该函数可对资源消耗序列的特征进行建模。在公式(4.16)中，如有必要，可以删除任何子项。例如，如果资源消耗序列仅包含线性分量，则可删除非线性部分。

本书所提出的方法没有对原始的资源消耗数据的分布作出任何的假设，这意味着所提出的方法不仅可以广泛地用于资源消耗预测，还可以用于其他情形。由于此方法可以捕获线性和非线性特征，因此该方法在软件老化场景中的资源消耗预测效果上要优于单个模型。

4.4　实验验证

在本节中，混合模型方法将用于预测云计算的关键应用程序——Web 服务器中的资源使用情况。该实验基于真实的运行环境，这意味着工作负载是由用户的需求生成的，而不是由负载生成工具生成的。该实验包含一个 Microsoft Internet 信息服务服务器和一个数据库管理系统 SQL Server。这些应用程序由医院在线注册预订系统，医院信息管理系统，电子文档系统等组成。由于软件老化可能发生在操作系统级别或应用程序级别，因此基于捕获工具捕获的运行参数包含两种变量：操作系统变量和 Web 服务变量。在这项工作中我们将仅使用一步预测的方式对序列数据进行预测。均方根误差（RMSE）和平均绝对误差（MAE）被用于比较本书所提出的方法和其他方法在预测性能上的差异。

$$\text{MAE} = \frac{1}{m} \sum_{i=1}^{m} \left| x^{(i)} - \hat{x}^{(i)} \right| \tag{4.17}$$

$$\text{RMSE} = \sqrt{\frac{1}{m} \sum_{i=1}^{m} \left(x^{(i)} - \hat{x}^{(i)} \right)^2} \tag{4.18}$$

其中 $x^{(i)}$ 是观测值，$\hat{x}^{(i)}$ 是预测值。

在对数据进行预处理时，本章使用了所提出的基于 SOM 的数据平滑方法对数据中出现的离群值进行了修正。

4.4.1　可用内存预测

为了评估本书所提出方法的预测性能，我们将可用内存数据集分为两部分：训练数据集和测试数据集。基于 holdout 方式，训练数据集由 11969 个观测值（约占整个数据集的 70%）组成，仅用于训练模型；其余观测值（约占整个数据集的 30%）仅用于评估模型的准确性。整个过程包括三个阶段：首先，选择 ARMA 模型作为线性模型，其自回归模型为 3 阶，移动平均模型为 5 阶，表示为 ARMA（3，0，5）；其次，使用神经网络来拟合残差序列中的线性和非线性部分，包含 3 个输入节点，4 个隐藏节点和 1 个输出节点，缩写为 N(3-4-1)；最后，所使用的神经网络由 7 个输入节点, 3 个隐藏节点和 1 个输出节点(缩写为 N(7-3-1))组成, 用于拟合数据的线性和非线性部分。图 4.1 和图 4.2 为本书所提出方法在训

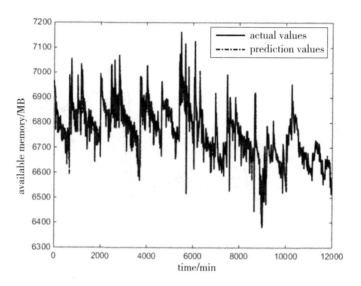

图 4.1　所提出方法在训练集中的拟合结果(可用内存)

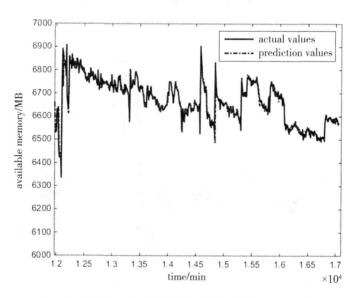

图 4.2　所提出方法在测试集中的预测结果(可用内存)

练集和测试集中的拟合和预测结果。为了比较不同模型的预测效果，本书选择初始 60 分钟作为评价的区间，所提出的方法与 ARIMA 和 ANN 在测试阶段的结果比较参见图 4.3(a)、图 4.3(b)、图 4.3(c)。

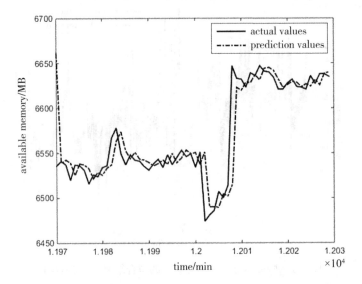

图 4.3(a)　测试集中初始 60 分钟的 ARIMA 可用内存预测结果

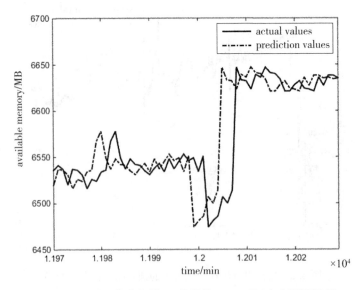

图 4.3(b)　测试集中初始 60 分钟的 ANN 可用内存预测结果

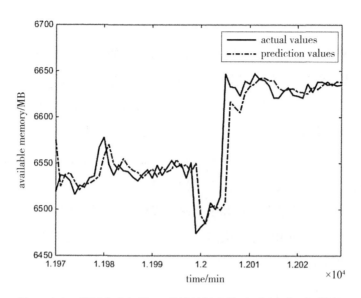

图 4.3(c) 测试集中初始 60 分钟的混合模型可用内存预测结果

表 4.1 比较了混合模型方法与 ARIMA 和 ANN 的预测结果。

表 4.1 所提出方法与其他模型的结果比较

模型	初始 60 分钟		整个测试集的预测结果	
	MAE	RMSE	MAE	RMSE
ARIMA	13.408	27.612	9.898	20.125
人工神经网络	12.576	24.019	10.093	21.352
混合模型方法	12.229	22.617	9.501	19.559

结果表明，在测试集中初始的 60 分钟内，神经网络方法的预测性能要优于线性方法的预测性能；但如果将时间跨度放大到整个数据集，我们发现仅仅使用单一的神经网络进行预测时，其预测性能要比 ARIMA 差，这表明单独使用 ARIMA 模型或人工神经网络都无法捕获数据的分布规律。

4.4.2　堆内存预测

与可用内存类似，本书将堆内存数据集分为两部分：训练数据集和测试数据集。训练数据集约包含整个数据集的70%，而整个数据集的约30%仅用于评估训练模型的能力。首先，本书选择的线性模型是具有 4 阶自回归模型，1 阶差分，以及 6 阶移动平均模型的 ARIMA(4，1，6)；其次，本书使用神经网络来拟合残差序列的线性和非线性部分，由 4 个输入节点，5 个隐藏节点和 1 个输出节点（缩写为 N(4-5-1)）组成；最后，本书使用神经网络对整个训练过程进行拟合，由 9 个输入节点，6 个隐藏节点和 1 个输出节点（缩写为 N(9-6-1)）组成。图 4.4 为所提出方法在测试集中的预测结果。为了比较不同模型的预测效果，本书选择初始 60 分钟作为评价的区间，所提出的方法与 ARIMA 和 ANN 在测试阶段的结果比较参见图 4.5(a) 至图 4.5(c)。

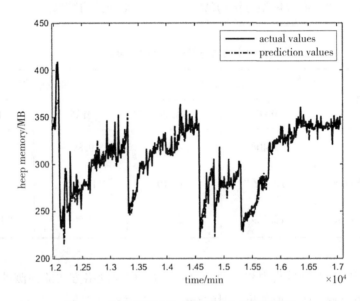

图 4.4　混合模型方法在测试集中的预测结果

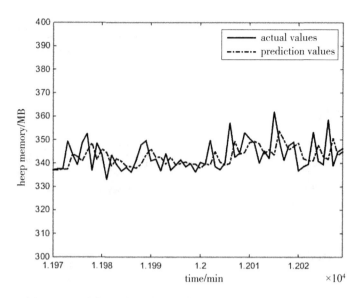

图 4.5(a) 测试集中初始 60 分钟的 ARIMA 堆内存预测结果

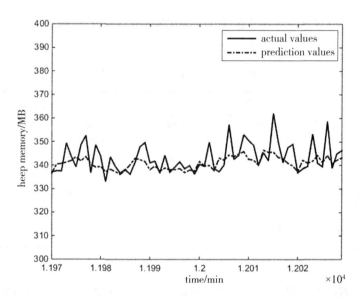

图 4.5(b) 测试集中初始 60 分钟的 ANN 堆内存预测结果

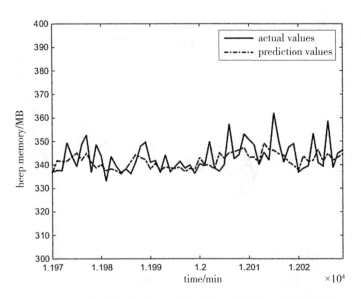

图 4.5(c)　测试集中初始 60 分钟的混合模型堆内存预测结果

表 4.2 给出了本书所提出的方法与 ARIMA 和 ANN 的结果比较。

表 4.2　　　　　　　　　　所提出方法与其他模型的结果比较

模型	初始 60 分钟		整个测试集的预测结果	
	MAE	RMSE	MAE	RMSE
ARIMA	5.049	6.847	8.635	5.375
人工神经网络	4.881	6.831	10.093	7.104
混合模型方法	4.836	6.749	6.608	4.823

堆内存的预测结果表明，对于短期预测，人工神经网络方法和混合模型方法的预测结果都比 ARIMA 方法更准确。从较长的时间范围来看，单独使用人工神经网络的预测效果比 ARIMA 模型要差。但无论从短期还是长期来看，本书所提出的方法都比 ARIMA 或单一的人工神经网络预测性能要好。

4.5 小结

在对资源消耗数据进行拟合之前，本书使用所提出的基于 SOM 的数据预处理方法对数据进行了平滑，去除数据中的噪声点。混合模型方法的构建及运用包含三个步骤：首先，利用 ARIMA 线性方法在资源消耗序列中找到线性特征；其次，利用人工神经网络捕获潜在的非线性特征；最后，利用人工神经网络捕获资源消耗序列的线性和非线性特征。实验结果表明，与其他两个单一模型相比，该方法可以有效提高预测精度。

第5章 基于机器学习算法的软件老化预测框架

使用资源耗尽时间[31,127,160]计算资源耗尽引起的软件老化时间往往只能得到由单一资源问题引起的软件失效时间。然而对于一个软件系统来说，其老化问题往往是多种资源消耗，多种因素共同作用的结果，这就意味着仅仅依靠计算单一的资源耗尽时间很难表示不同资源共同作用时对于软件系统的影响，难以表示各类软件系统中的老化和失效问题。另外，即使是同一个资源消耗，从不同视角[127]观察，往往存在很大的差异。本书在3.2.5节中使用了资源耗尽时间来确定执行抗衰操作的时机，但是发现使用此种方法计算出的资源耗尽时间存在很大的偏差，因此本章试图通过预测软件系统的状态而非资源耗尽时间来判断软件系统是否出现老化。

苏莉等[168]对受控环境下的 Helix Server 流媒体应用的老化状态通过观察输出带宽进行了标注，分为正常状态、老化状态。在选择特征参数的过程中，作者使用主成分分析法选择那些与主成分正相关的参数作为特征参数，并使用支持向量机模型(径向基函数)对系统的状态进行分类预测。尽管实验结果表明在贝叶斯证据框架下最小二乘支持向量机可以较好地预测老化的状态，但是作者采用的主成分分析[169]方法却只适用于参数之间存在较强相关性的数据。如果数据之间的相关性较弱，运用主成分分析方法并不能起到很好的降维作用。同时作者选择的老化状态参数只是在所有参数中贡献率最大，而非对老化状态的贡献最大。此外作者在实验阶段依赖单一参数确定老化状态，这种对老化状态的确定也是不准确的。

Magalhaes 等[128]通过人为增大负载和加入内存泄漏，获得了一个基于 TPC-W 基准程序模拟的在线书店应用中的状态数据，并使用人工神经网络等算法对老化状态进行了预测，通过实验发现使用分类算法可以较好地预测老化状态。然而作者仅仅将响应时间作为唯一的老化判断指标，对于软件老化问题来说选择单一的参数作为老化的判别标示是不准确的，同时对于 Web 服务器的参数收集来说，响应时间属于客户端参数，很难准确地获得。

尽管相关的学者采用状态标注的方法对软件的状态进行了标注以确定软件是否出现了老化现象，然而目前缺少一个统一的框架用于软件老化状态的分析，因此本章提出了一个基于机器学习算法的软件老化预测框架。

在分析软件系统的老化状态的过程中，找到那些能够反映系统当前性能状态的特征参数是十分重要的，能直接影响抗衰的效果。[15,41,122]对于系统的管理者或者用户来说，找到那些能够表征系统性能的特征参数是令系统提供高质量服务的前提。

所选择的特征参数一般情况下需要满足以下要求：

(1)所选择参数应当与系统的性能相关。

(2)所选择参数应当能够最大程度满足用户对特定应用的需求。

(3)所选择参数应当可以通过一定的工具获取，一般情况下不能过于复杂。

(4)所选择参数应当能够反映运行软件的实际效果。

特征参数可以分为两个层次：服务质量参数和系统运行参数。服务质量参数是从用户的角度来看的，这些参数与服务质量相关，如事务请求成功率、响应时间等。系统运行参数包括软件应用系统中那些可以表示系统性能的网络参数、操作系统参数、应用系统参数等。根据用户所处的应用场景和实际需求，服务质量参数的类型和个数都是不同的，服务质量要求的实现依赖于系统运行参数的运行状态，也就是说系统的运行参数决定了服务的质量。

目前被广泛采用的系统运行参数包含以下几类：

(1)物理内存(可用内存，已用内存)。

(2)CPU 使用率。

(3)交换空间(可用交换空间，已用交换空间)。

(4)临时文件(已用临时文件夹大小，可用临时文件夹大小)。

(5)输入输出参数(硬盘读写速度，网卡中的收发包数)。

(6)页面使用率(页面的换入、换出率)。

基于检测的方法往往使用资源消耗数据或者性能数据作为老化的特征数据。

通过查阅相关文献笔者发现，在对软件老化进行分析时，不少研究往往仅使用其中的一类或几类数据作为判断老化的标准，如内存消耗、CPU 使用率、响应时间等。然而对于软件老化来说，产生性能下降以致失效是多方面的原因，不一定是内存消耗或者 CPU 负载过高，也可能是其他的因素甚至是几个因素共同作用的结果，因此目前缺乏一个用于找到老化特征参数的方法(尽管相关学者提出过使用主成分分析法[168~169]对老化特征参数进行选择)。本章使用逐步的前向选择和逐步的后向选择方法来确定老化特征参数，使用此类特征选择算法的优势在于并不需要事先了解哪类参数与软件老化相关。需要说明的是，尽管逐步的前向选择和逐步的后向选择方法在选择特征参数的时候是低效的，但一旦参数选定后，就可以直接使用选定的老化特征参数进行老化分析而不需要再次选择特征参数。

5.1　基于机器学习算法的软件老化预测流程

尽管使用 ARIMA 和叠加模型可以提高资源消耗参数预测结果的准确性，但资源耗尽时间的计算结果并不理想。同时尽管有一些研究使用了软件状态[128,170]来预测软件老化的出现，但学界仍然缺少一个用于预测软件老化状态的整体框架。因此本章提出一个完整的基于机器学习算法预测软件老化状态的框架，具体如下：

(1)数据预处理。

(2)资源消耗趋势判断。

(3)特征选择。为了更好地选出数据集中的特征用于构建机器学习模型，同时避免由过多的特征引起的维度灾难问题，本书使用特征选择算法[171~174]对数据集中的特征参数进行筛选。

(4)使用可选的时间序列等方法拟合所选特征。如线性模型或非线性模型。

(5)利用机器学习算法建立预测模型。将通过特征选择算法筛选出的候选特征作为输入训练选定的机器学习算法；将机器学习算法用于软件老化状态的预测。将收集到的数据集分为三个部分：第一部分数据用于训练模型；第二部分数据用于验证模型同时避免过度拟合问题的出现；第三部分数据(之前未曾使用过)用于检验模型的泛化能力。

（6）敏感性分析。敏感性分析可以从定量分析的角度，确定某一个特征的去除对老化状态预测的影响。通过这种分析可以指导系统工程人员或者管理者更好地调整系统或帮助他们找到老化的原因。

图5.1给出了基于机器学习算法预测软件老化的框架。

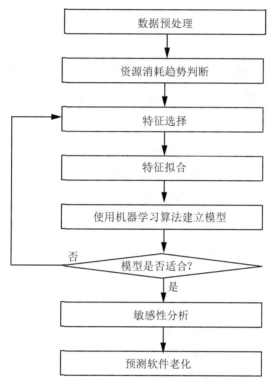

图5.1　基于机器学习算法预测软件老化的框架

5.1.1　数据预处理

5.1.1.1　数据质量检验

数据质量关系着数据分析的成败，通过检验数据集的数据质量有助于选择合适的数据预处理和建模方法。本节将对数据质量评估和修正方法进行分析。

1. 缺失值分析

数据质量评估[20]是数据分析及数据准备过程中的重要一环,是数据预处理的前提,也是数据分析结论有效性和准确性的基础。

数据质量评估的主要任务是检查原始数据集中的数据是否存在脏数据。脏数据指不符合数据分析要求,不能直接用于分析的数据。脏数据通常包括:缺失值、异常值、不一致的值、重复数据和包含特殊符号的数据。

数据的缺失主要包括记录的缺失和记录中某些字段信息的缺失,两类缺失均会造成分析结果不准确,在对缺失值进行处理之前需要了解缺失值产生的原因和影响。

(1)缺失值产生的原因。具体包括:

①部分信息暂时无法获取或者获取信息的代价过大。

②部分信息被遗漏。指在数据采集过程中,由于数据采集设备存在故障、数据传输中存在丢包问题等非人为因素造成的数据丢失,或者人为因素导致的数据记录不完整、部分记录等问题。

③属性值不存在。某些情形下,缺失值并不意味着数据存在错误,如一个人是未成年人,其配偶姓名为空。

(2)数据值缺失的影响。具体包括:

①数据分析建模将丢失大量的有用信息。

②数据模型所表现出的不确定性更加显著,模型中蕴含的规律将难以把握。

③包含缺失值的数据可能造成模型构建过程的混乱,导致不可预知的输出。

(3)缺失值的分析。可以使用简单的统计分析方法,得到含有缺失值的个数、缺失率等信息,对于缺失值的处理一般分为简单删除、插值法和不处理三种情况。

2. 异常值分析

异常值分析是对数据进行检验以找出其中含有错误或者不合理的数据。异常值通常指样本中数值明显偏离其余观测值的个别值。异常值也称为离群点,异常值分析也称为离群点分析。

(1)简单统计量分析。指先对变量做一个描述性统计,进而查看哪些数据是不合理的。常用的统计量有最大值和最小值,用于判断变量的取值是否在一个合理的范围,如变量"人员"的年龄应当在 0 至 120,如果其年龄为 188,则可以判断该变量的取值为异常值。

(2)3σ 原则。在假定数据服从正态分布的情况下,基于 3σ 原则,异常值被定义为一组待检验值中与平均值偏差超过 3 倍标准差的值。在正态分布的假设下,距离平均值 3σ 以上的值出现的概率小于 0.003,属于小概率事件,因此如果出现该值可以判断其为异常值。

如果数据不服从正态分布,则需要使用距离平均值相应倍数的标准差进行计算。

(3)箱线图分析。此外,我们还可以使用箱线图进行异常值检查:通常将小于下四分位数与 1.5 倍的四分位数间距之差或者大于上四分位数与 1.5 倍的四分位数间距之和的数据点取值作为异常值。

在箱线图的绘制过程中,需要依据实际数据进行绘制,并不对数据做任何的限制,如数据必须服从某种分布。此外,箱线图判断异常值的标准以四分位数和四分位距为基础,四分位数具有一定的鲁棒性。同时在计算异常值的标准时加/减了与 1.5 倍的四分位数间距,这也进一步避免了误判正常值为异常值的概率。

3. 一致性判断

数据的不一致性是指数据的矛盾性和不相容性。在进行数据分析过程中,直接对不一致的数据进行分析,可能会产生和预想结果相违背的计算结果。

在数据集中,数据的不一致性往往发生在数据的集成过程中,即将多源数据集集成到单源数据的过程中。如,在将两张数据表合成为一张数据表的过程中,两张数据表都存在同一个属性,其中一张表的属性发生改变,另外一张表未改变,就会产生不一致问题。

5.1.1.2 数据特征分析

在对数据质量进行分析后,下一步需要对数据的特征[21]进行分析。

1. 分布分析

分布分析能够解释数据的分布特征和类型。对于定量数据，为了解其数据分布是对称还是非对称的，以及发现其离群值，可通过绘制频率分布直方图、茎叶图等进行直观地分析；对于定性数据，可以使用饼图和条形图直观地发现其分布状况。

(1)定量数据的分布。对于定量数据而言，选择组数和组宽是做频率分布分析时需要解决的最主要的问题。频率分析一般按照以下步骤进行：求极差；决定组距和组数；决定分点；列出频率分布表；绘制频率分布直方图。

频率分析主要遵循以下的原则：各组之间必须相互排斥；各组组宽相等；所有数据被包含在各组内。

(2)定性数据的分布。对于定性数据而言，常常根据变量的分类类型来分组，可以采用饼图和条形图来描述定性变量的分布。

饼图的每一个扇形部分代表每一类型的百分比或频率，根据定性变量的类型数目饼图将分成几个部分，每一部分的大小与相应的频数成正比，条形图的高度代表每一类型的百分比或频数，条形图的宽度没有意义。

2. 对比分析

对比分析是指把两个相互联系的指标进行比较，从数量上展示和说明研究对象规模的大小、水平的高低等，以判断各类关系是否协调。对比分析适合于指标间的横纵向比较、时间序列的比较分析。在对比分析中，选择合适的对比标准是关键性的步骤，只有标准合适，才能做出公正客观的评价。

对比分析主要有以下两种形式：

(1)绝对数比较。即利用绝对数进行比较，从而查找出数据的差异。

(2)相对数比较。相对数比较使用两个有联系的指标进行对比计算，反映客观现象之间数量联系的程度。基于研究目的和对比基础的不同，相对数又可以分为以下几类：

①结构相对数。结构相对数是将同一总体内的部分数值与全部数值对比求得的比重，用以说明事物的性质、质量、结构等。如居民出行支出占消费支出的

比重。

②比例相对数。比例相对数是将同一总体内不同部分的数值进行对比的值，表明总体内各部分比例的关系。如师生比。

③比较相对数。比较相对数是将同一时期两个性质相同的指标数值进行对比的值，说明同类现象在不同空间条件下的对比关系。如在不同地区进行商品价格对比。

④强度相对数。强度相对数是将两个性质不同但有一定联系的总量指标进行对比的值，用以说明现象的强度、密度和普遍程度。

⑤计划完成程度相对数。计划完成程度相对数是某一时期完成数与计划数的比值，用以说明计划的完成程度。

⑥动态相对数。动态相对数是将同一现象在不同时期的指标数值进行对比的值，用以说明数据的变化程度。

3. 统计量分析

统计量分析指用统计指标对定量数据进行统计描述，一般从集中趋势和离散趋势两个方面进行分析。

平均水平的指标是对个体集中趋势的度量，一般使用均值和中位数；反映变异程度的指标则是对个体离开平均水平的度量，一般使用标准差、四分位间距。

(1)集中趋势度量。具体包括以下几种指标。

①均值。均值是所有数据的平均值。通常使用 n 个观测数据的平均数表示平均值，有时，为了反映不同成分在均值中的重要程度，会使用加权均值，其计算公式为：

$$\bar{x} = \frac{\sum_{i=1}^{n} w_i x_i}{\sum_{i=1}^{n} w_i} = \frac{w_1 x_1 + \cdots + w_n x_n}{w_1 + \cdots + w_n} \tag{5.1}$$

作为一个统计量，均值的主要问题是对极端值很敏感。如果数据中存在极端值或者数据是偏态分布的，那么均值就不能很好地度量数据的集中趋势。为了消除少数极端值的影响，可以采用截断均值或者中位数来度量数据的集中趋势。截断均值是去掉高、低极端值之后的平均数。

②中位数。中位数是一组观测值按照从小到大的顺序排列后，处于中间位置

的数。

③众数。众数是指数据集中出现最多的数。众数一般用于变量类型为离散型变量的数据，并且不具有唯一性。

(2)离散趋势度量。具体包括以下几种指标。

①极差。极差为数据中的最大值与最小值之差。极差对数据集的极端值敏感，忽略了数据集的分布情况。

②标准差。标准差度量数据偏离均值的程度：

$$s = \sqrt{\frac{\sum_{i=1}^{n}(x_i - \bar{x})^2}{n}} \tag{5.2}$$

③变异系数。变异系数度量标准差相对于均值的集中趋势：

$$cv = \frac{s}{\bar{x}} \tag{5.3}$$

④四分位数间距。四分位数包括上四分位数和下四分位数。将所有数据由小到大排列并分成四等份，处于第一个分隔点位置的数值是下四分位数，处于第二个分隔点位置的数值是中位数，处于第三个分隔点位置的数值是上四分位数。

四分位数据间距指上四分位数与下四分位数之差，其值越大，说明数据的变异程度越大，相反，说明变异程度越小。

4. 周期性分析

周期性分析是探索某个变量是否会随时间变化呈现出某种周期变化趋势。较长的时间周期性趋势有年度周期性趋势、季节性周期趋势；较短的有月度周期性趋势、周周期性趋势等。

5. 贡献度分析

贡献度分析又称为帕累托分析，其原理是帕累托法则，又称为 20/80 定律。

6. 相关性分析

相关性分析用于分析连续变量之间的线性相关程度。

如果只是定性地分析变量之间是否具有相关性，可以直接绘制散点图，根据散点图呈现的形状特点判断变量之间是否存在相关性，如线性相关、非线性相关、不相关。

为了更加准确地描述变量之间的线性相关程度，可以通过计算相关系数来进行相关分析。在二元变量的相关性分析中常用的指标有 Pearson 相关系数、Spearman 秩相关系数和判定系数。

（1）Pearson 相关系数。Pearson 相关系数用于分析两个连续变量之间的关系，相关系数的取值范围为−1 到 1。0 表示不存在线性相关关系，−1 和 1 表示存在完全线性相关，−1 到 0 以及 0 到 1 表示存在不同程度的线性相关。

（2）Spearman 秩相关系数。在使用 Spearman 秩相关系数之前要确保变量的取值服从正态分布。如果变量不服从正态分布可采用等级相关系数。

需要说明的是，在实际计算中，Spearman 秩相关系数和 Pearson 相关系数都要进行假设检验，即使用 t 检验方法检验其显著性水平以确定其相关程度。

（3）判定系数。判定系数为相关系数的平方，用于衡量回归方程对因变量的解释程度。判定系数的取值范围为 0 到 1，与相关系数类似，判定系数越接近 1，表示两个变量之间的相关性越强；判定系数越接近 0，表示两个变量之间的线性相关性越弱。

5.1.1.3　数据修正

在进行数据分析之前，如果原始数据中存在大量不完整、不一致、有异常的数据，则需要进行数据集成、转换、规约等一系列处理，该过程称为数据修正。数据修正[22]主要包括：数据清洗、数据集成、属性变换以及数据规约。

1. 数据清洗

数据清洗主要是对数据中无关数据、重复数据以及噪声数据等进行处理。

（1）缺失值处理。处理缺失值的方法分为三类：简单的删除记录、数据插补以及不做任何处理。数据插补法常用均值、中位数或者众数进行插补，然而这类插补方法忽略了数据序列的内在联系，即当前数据点值与其前后点值相关。学界一般采用拉格朗日插值法[23]和牛顿插值法[24]对缺失值进行填充。

①拉格朗日插值法。对于任意 n 个数据点，可以找到一个 $n-1$ 次多项式，使

此多项式穿过 n 个数据点。

设集合 Dn 是关于数据点 (x, y) 的角标集合，$D_n = \{0, 1, \cdots, n-1\}$，$n$ 次多项式为 $p_j(x)$，$j \in D_n$。对于任意 $k \in D_n$，有 $p_k(x)$，$B_k = \{i | i \neq k, i \in D_n\}$，使得：

$$p_k(x) = \prod_{i \in B_k} \frac{x - x_i}{x_k - x_i} \tag{5.4}$$

$p_k(x)$ 是 $n-1$ 次多项式，且满足 $\forall m \in B_k$，$p_k(x_m) = 0$ 并且 $p_k(x_k) = 1$，最后使得 $L_n(x) = \sum_{j=0}^{n-1} y_i p_j(x)$。

拉格朗日插值公式结构紧凑，但当插值节点增减时，插值多项式会随之变化。为了处理多项式的变化，可以采用牛顿插值法进行缺失值的填充。

②牛顿插值法。牛顿插值法相对于拉格朗日插值法具有承袭性的优势，即在增加额外的插值点时，可以利用之前的运算结果以降低运算量。

假设已知 n 个点相对多项式函数 f，求此多项式函数 f，求其阶差商公式：

$$f[x_1, x] = \frac{f[x] - f[x_1]}{x - x_1} = \frac{f(x) - f(x_1)}{x - x_1} \tag{5.5}$$

$$f[x_2, x_1, x] = \frac{f[x_1, x] - f[x_2, x_1]}{x - x_2} \tag{5.6}$$

$$f[x_3, x_2, x_1, x] = \frac{f[x_2, x_1, x] - f[x_3, x_2, x_1]}{x - x_3} \tag{5.7}$$

$$f[x_n, x_{n-1}, \cdots, x_1, x] = \frac{f[x_{n-1}, \cdots, x_1, x] - f[x_n, x_{n-1}, x_1]}{x - x_n} \tag{5.8}$$

联立以上差商公式建立如下插值多项式：

$$f(x) = f(x_1) + (x - x_1)f[x_2, x_1] + \cdots + (x - x_1)(x - x_2)\cdots(x - x_n)f[x_n, x_{n-1}, \cdots, x] \tag{5.9}$$

将缺失的函数值对应的点带入插值多项式即可得到缺失值的近似值。

(2)异常值处理。对于异常值的处理需视情况而定，异常值的处理方法有：删除含有异常值的记录；视为缺失值；平均值修正；不处理。将含有异常值的记录直接删除，简单可行，但容易造成样本量不足、原有分布发生改变等问题，因此针对异常值可采用插值补全的方式进行处理，即对数据点的前后情况进行分析进行值替换。

2. 数据集成

数据集成是将多个数据源合并为一个一致的数据存储的过程，其主要包括以下几种方式：

(1)实体识别。实体识别是从不同数据源中识别出现实世界的实体，常见的形式有：同名异义；异名同义；单位不统一。

(2)冗余属性识别。在进行数据集成时，会出现数据冗余问题，如同一属性在不同表中的命名方式不同导致重复出现。针对冗余属性，往往要进行属性删除和属性融合，如出现同一属性的多种命名方式时，保留一个属性即可；当属性之间具有相关性时，可以采用主成分分析法进行属性融合。

3. 属性变换

属性变换主要是对属性进行规范化处理，将属性转换成适当的形式。

(1)简单函数变换。简单函数变换是对原始数据进行某些数学函数变换，常用的变换包括平方、开方、取对数、差分运算等，即：

$$x' = x^2 \tag{5.10}$$

$$x' = \sqrt{x} \tag{5.11}$$

$$x' = \log(x) \tag{5.12}$$

$$\nabla f(x_k) = f(x_{k+1}) - f(x_k) \tag{5.13}$$

简单的函数变换常用来将不具有正态分布的数据变换成具有正态分布的数据。在时间序列分析中，有时简单的对数变换或者差分运算就可以将非平稳序列转换成平稳序列。

(2)数据规范化。规范化的作用是将不同属性的量纲进行消除，进行标准化处理，将数据按照比例进行缩放，使之落入一个特定的区域，以进行综合分析。

数据规范化包括：

①最小-最大规范化。最小-最大规范化又称为离差标准化，是对原始属性进行线性变换，将数值映射到 0 与 1 之间。

$$x^* = \frac{x - x_{\min}}{x_{\max} - x_{\min}} \tag{5.14}$$

其中 x_{max} 为该属性的最大值，x_{min} 为属性的最小值。该方法保留了原本数据中存在的关系，是消除量纲的简单方法。这种处理方法的缺点在于若数值集中且某个数值很大，则规范化后各值会接近于 0，且会相差不大。

②零均值规范化。零均值规范化也称为标准差标准化。经过处理的属性值的均值为 0，标准差为 1。

$$x^* = \frac{x - \bar{x}}{\sigma} \tag{5.15}$$

其中 $\bar{x}$ 为属性值的均值，σ 为属性值的标准差。

③小数定标规范化。该方法通过移动属性值的小数位数，将属性值映射到-1与 1 之间，移动的小数位数取决于属性值绝对值的最大值。

$$x^* = \frac{x}{10^k} \tag{5.16}$$

(3)连续属性的离散化。连续属性的离散化就是在数据的取值范围内设定若干离散的划分点，将数值范围划分为一些离散的区间。常用的离散化方法有等宽法、等频法和基于聚类分析的方法。

①等宽法。等宽法将属性值划分成相同宽度的区间。

②等频法。等频法将相同数量的记录放进每个区间。

③基于聚类分析的方法。基于聚类分析的方法，如 K-Means，将连续值聚成不同的类别，并对其进行标记。

(4)小波变换方法。小波变换方法[25]常用于信号处理、图像处理等领域。小波变换具有多分辨率的特点，在时域和频域具有表征信号局部特征的能力，其可将非平稳信号分解为表达不同层次、不同频带信息的数据序列。小波变换的特征提取方法包括：基于小波变换的多尺度空间能量分布特征提取、基于小波变换额多尺度空间的模极大值特征提取、基于小波包变换的特征提取、基于适应性小波神经网络的特征提取。

4. 数据规约

数据归约是指在尽可能保持数据原貌的前提下，最大限度地精简数据量。下面主要介绍两种数据归约方法。

(1)属性规约。通过属性合并来创建新属性维数。或直接通过删除不相关的属性来减少数据维数。属性规约的目标是找出最小的属性子集并确保新数据子集的概率分布尽可能接近原来数据集的概率分布。常用方法包括：合并属性、逐步向前选择、逐步向后删除、逐步选择、决策树归纳、主成分分析。

(2)属性值规约。指通过选择替代的、较小的数据来减少数据量。包括：有参数方法和无参数方法。有参数方法使用一个模型来评估数据，如线性回归模型；无参数方法需要存放实际的数据，如直方图、聚类、抽样等。

本节主要从数据清洗、数据集成、属性变换和数据规约四个方面对数据的检测与修正方法进行了说明。通过以上方法的处理，经过变换后的原始数据能够保证是干净的数据，此类数据可以直接作为下一步模型训练的输入。

本书进行数据预处理的过程如下：

(1)缺失值处理。一些参数的值在数据的收集过程中存在空值问题。在使用之前需要对空值进行处理，处理方法包括添加相应的值或者移除缺失值。

①取均值补齐法。当参数值为数值时，我们使用该参数上的所有实例的平均值进行填充；当参数值为非数值时，我们用所有实例中出现频率最高的值来填充。

②删除法。当包含缺失值的记录数量远远小于收集数据所包含的记录数时，我们可以将包含该缺失值的相应记录删除。

(2)常值处理。在整个数据集中，一些参数值是保持不变的。而这种类型的值对于特征的选择过程和老化状态的预测是无用的，因此这些参数应当在数据预处理时被删除。

(3)累加值处理。一些参数的值是累加值：这些参数的值会随时间的增加而不断地进行累加。对于这些参数需要使用差分等相关方法进行处理。

5.1.2 资源消耗趋势判断

通过采用2.1节中提出的滑动窗口老化检测算法可以计算资源消耗的趋势，并从长期趋势判断运行的软件系统是否出现了老化问题。

5.1.3 特征选择

由于通过收集工具收集的参数众多，如果那些无关的参数进入了被训练的模型，那么模型的预测效果会下降得很快。[175] 同时 Matias 等人[55] 指出仅仅使用单一的老化参数，如可用内存、交换分区等，可能会出现大量的软件老化误报问题，因此使用特征选择算法找出合适的老化参数十分必要。老化参数选择也称为特征选择或者降维，其目的是找出一个输入参数集的最小子集作为预测模型的输入，而特征选择也是机器学习和模式识别领域中一个重要的研究内容。[176]

特征选择可以表述为：对于选择的数据集，选择一个学习算法，通过训练找到一个最优的特征子集使得评价准则最优。此处使用逐步的前向选择算法和逐步的后向选择算法确定用于机器学习算法的输入特征。

以下为逐步的前向选择算法描述。

输入：训练集中的数据。

输出：筛选出的参数。

步骤：

(1) 初始时，选择所使用的模型。

(2) 计算每一个候选特征的比分统计量，并计算显著性。

(3) 选择具有最小显著性的特征。如果此特征的显著性小于指定特征加入时的概率值，则转到步骤(4)，否则结束特征选择。

(4) 将选择的特征加入到模型中，如果加入该特征后，模型选择的特征与上一次选择的特征结果一致，则结束特征选择；否则计算新模型的参数，转到步骤(5)。

(5) 计算模型中每一个变量的 Wald 统计量，并计算相应的显著性。

(6) 从步骤(4)中选择具有最大显著性的特征，如果此显著性小于此特征移除时的概率值，则返回到步骤(2)；否则，如果从当前模型中删除选定的特征后，模型选择的特征与上一次选择的特征结果一致，则结束特征选择，否则转到步骤(7)。

(7) 从当前模型中移除选定的具有最大显著性的特征，并计算移除特征后的选定模型的参数，之后转到步骤(5)。

以下为逐步的后向选择算法描述。

输入：训练集中的数据。

输出：筛选出的参数。

步骤：

（1）选择模型，并计算包含所有特征的选定模型的参数。

（2）计算当前模型中所有特征的 Wald 统计量，并计算相应的显著性。

（3）选择具有最大显著性的特征。如果此显著性小于特征移除时的概率值，则转到步骤（5）；否则，如果从当前模型中删除选定的特征后，模型选择的特征与上一次选择的特征结果一致，则结束特征选择，否则转到下一步。

（4）从当前模型中移除选定的具有最大显著性的特征，并计算移除特征后的选定模型的参数，然后转到步骤（2）。

（5）检查是否还有特征在模型之外。如果没有，则结束特征选择；否则转到下一步。

（6）计算不在模型中的每一个特征的比分统计量，并计算显著性。

（7）选择具有最小显著性的特征。如果该显著性小于指定的概率值，则转到下一步；否则结束特征选择。

（8）将具有最小显著性的特征加入当前的模型中。如果加入该特征后，模型选择的特征与上一次选择的特征结果一致，则结束特征选择；否则计算新模型的参数，转到步骤（2）。

我们选择 logistic 回归作为选定的模型。

模型比分统计量用于决定不在选定模型中的特征是否可以加入模型中。比分检验计算似然函数中的一阶偏导及信息矩阵，两者相乘的结果称为比分检验统计量。当样本量较大时，比分检验统计量近似服从自由度为待检验特征个数的 χ^2 分布。

需要说明的是，在进行特征选择之前，需要对运行软件系统的状态进行标注，分为正常状态或老化状态。

Alonso 等[40]通过人为加大负载等方式，将短时间收集的 Apache 服务器中的老化数据的状态标注为三种状态：绿色、黄色、红色。其中红色表示危险状态：系统失效之前的 5 分钟到失效为危险状态。黄色表示警告状态：红色状态之前的 5 分钟到红色状态为警告状态。绿色表示正常状态：黄色、红色状态之外的都为绿色状态。然而由于软件老化是长期运行系统中出现的问题，老化状态在系统中会长时间存在，因此使用这种固定时间的方法表示系统状态并不合适。Magalhaes

等[128]在实验中收集了两个数据集，将第一个数据集中的 85% 划分为正常状态，将剩余的 15% 划分为老化状态；将第二个数据集中的 97% 划分为正常状态，将 3% 划分为老化状态。苏莉等[168]通过观察输出带宽对受控环境下的 Helix Server 流媒体应用的老化状态进行了标注。系统出现老化是多方面的问题引起的，可能是系统中内存的耗尽问题，可能是系统中存在数值舍入误差的问题，可能是 CPU 资源耗尽的问题，可能是进程或者线程调度引起的死锁问题，也可能是文件句柄占用的问题，甚至可能是系统中磁盘碎片的问题，等等。由于软件老化问题是在多种因素的共同作用下出现的，因此很难通过单一的参数去判断系统是否存在老化问题，也很难准确地对老化状态进行划分。本章采用 Magalhaes 等[128]的标注方法对软件状态进行标注，尝试将收集到的数据集中的数据按照不同的比例标注为两种状态：正常状态和老化状态，以找到老化状态的合理标注范围。本书首先使用支持向量机模型(基于支持向量机模型在其他领域中的良好表现)预测软件老化状态，然后使用其他的机器学习算法再次预测软件老化状态。

5.1.4　机器学习

机器学习(machine learning，ML)以人工智能为核心，是一门多领域相互交叉的学科。机器学习被广泛地应用于垃圾邮件处理、医学成像、[177]搜索引擎、计算机视觉等领域。本章将使用三类机器学习算法：支持向量机、单层感知器神经网络、决策树，对所提出的框架进行验证。

5.1.5　敏感性分析

敏感性分析研究当输入参数变化时，输出是如何变化的。通过此种分析可以帮助用户、系统管理人员根据这些输入变量更好地调节系统，或者帮助工程技术人员找到相应问题的原因。

5.2　实验验证

5.2.1　实验设置

实验中所使用的数据来自一个正在运行的 IIS Web 服务器，本章中的实验环境与第三章中的实验环境相同。从这些收集的数据集中，本书选择其中的两个数据集作为实验所用的数据集。第一个数据集的收集时间是 2013 年 1 月 25 日 8 点 41 分至 2013 年 2 月 6 日 9 点 20 分，包含的数据记录数为 17099 个，用于机器学习模型的训练和验证；第二个数据集的收集时间是 2012 年 12 月 22 日 3 点 19 分至 2012 年 12 月 31 日 15 点 53 分，包含的数据记录数为 13715 个，用于测试机器学习模型的泛化能力，即对于未知数据状态的预测能力。

5.2.2　资源消耗趋势判断

为了发现资源消耗的长期趋势，以往的研究往往使用 Mann-Kendall 等方法判断数据序列是否存在趋势：如果存在趋势则说明软件系统中存在老化问题。但 Machida 等[32]通过一系列的实验指出 Mann-Kendall 方法在软件老化现象的检测中很容易产生误报问题，往往需要通过多次的实验才能确定老化问题是否存在。本节使用第二章中提出的滑动窗口老化检测算法来对收集的数据的长期趋势进行检测。

可用内存中滑动窗口 slwspan 的大小等于 17099，滑动步长 step 为 1，使用滑动窗口老化检测算法得到的拟合线性回归表达式为：

$$x(t) = -0.01351t + 6862.2 \tag{5.17}$$

在式(5.17)中，斜率为负值，说明随着时间的增长，可用内存越来越少，通过观察运行中最后 2 小时的 Web 服务的每秒发送和接收的字节数，我们发现所收发的字节数并没有明显增加，说明可用内存的持续减少并不是负载增加所致。可用内存的原始观测值和拟合值结果见图 5.2。

堆内存中滑动窗口 slwspan 的大小等于 17099，滑动步长 step 为 1，使用滑动窗口老化检测算法得到的拟合线性回归表达式为：

$$x(t) = 0.01445t + 86.11 \tag{5.18}$$

堆内存的原始观测值和拟合值结果见图 5.3。

在图 5.3 中，线性回归结果呈现一个上升的趋势，这表明随着时间的增加系统对于堆内存的需求越来越大，同时在最后的时间段内堆内存的消耗维持在 350MB 左右，之后服务器由于性能问题被重启了。

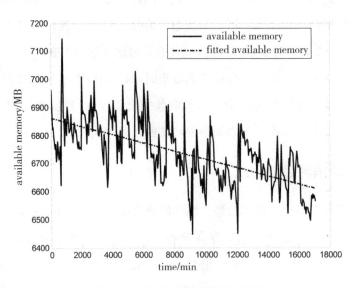

图 5.2　可用内存的线性回归拟合

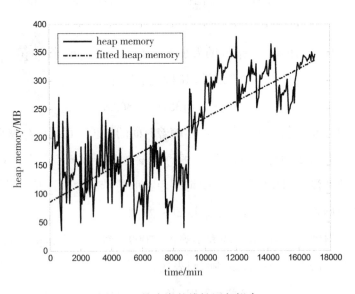

图 5.3　堆内存的线性回归拟合

　　尽管 IIS 本身存在垃圾回收机制，可以在一定程度上降低老化的影响，但是 IIS 服务器的老化问题仍然不可避免。

5.2.3 特征选择

为了从收集的数据集中找到一个合适的参数子集作为预测模型的输入变量，本书使用两个特征选择算法：逐步前向选择算法和逐步后向选择算法，来找出所需要的特征参数。通过对常用的老化参数进行观察，我们发现堆内存的峰值位置在所有数据的 70% 左右处，CPU 使用率的峰值出现在所有数据的 96% 左右处，CPU 上下文转换的峰值出现在所有数据的 70% 左右处，而 Web 服务接收的字节峰值出现在 60% 左右处，Web 服务同时处理的 ISAPI 请求数峰值出现在所有数据的 90% 左右处。由于软件老化的出现是多种因素共同作用的结果，不同参数的峰值出现的位置各不相同，很难通过单一的老化参数确定软件的状态，因此本书试图按照所收集的数据集中数据的不同比例对软件老化状态进行标注，分为正常状态、老化状态，以找到合理的老化状态标注范围。本书将第一个数据集的状态按照数据集中数据的不同比例进行标注：将数据集中最后的 5% 的数据作为老化状态数据，之前的所有数据作为正常状态数据；将最后 10% 的数据作为老化状态数据，之前的所有数据作为正常状态数据；将最后 15% 的数据作为老化状态数据，之前所有的数据作为正常状态数据；将最后 20% 的数据作为老化状态数据，之前的所有数据作为正常状态数据。

1. 最后的 5% 作为老化状态

表 5.1 给出了逐步前向选择和逐步后向选择算法筛选出的特征集。

表 5.1   **筛选出的特征集(5%)**

逐步前向选择算法选择的特征	逐步后向选择算法选择的特征
processor time	processor time
. NET heap memory	available memory
available memory	bytes total/sec
bytes total/sec	total propfind requests
current ISAPI extension requests	disk write bytes/sec
current connections	not found errors/sec
context switches/sec	total method requests/sec
ISAPI extension requests/sec	bytes received/sec

在表 5.1 中，逐步前向选择算法和逐步后向选择算法筛选出的特征集中包括 CPU 使用率、可用内存、虚拟内存等运行参数，并且两类特征选择算法筛选出的特征参数包含一些共同的特征参数。

2. 最后的 10% 作为老化状态

表 5.2 给出了逐步前向选择和逐步后向选择算法筛选出的特征集。

表 5.2　　　　　　　　　　**筛选出的特征集(10%)**

逐步前向选择算法选择的特征	逐步后向选择算法选择的特征
processor time	processor time
. NET heap memory	current connections
usage peak	connection attempts/sec
	available memory
	not found errors/sec
	datagrams sent/sec
	current ISAPI extension requests
	bytes received/sec

在表 5.2 中，采用逐步前向选择算法筛选出的参数仅仅包括 3 个特征参数，分别是 CPU 使用率，. NET 堆内存，以及虚拟内存使用。

3. 最后的 15% 作为老化状态

表 5.3 给出了逐步前向选择和逐步后向选择算法筛选出的特征集。

表 5.3　　　　　　　　　　**筛选出的特征集(15%)**

逐步前向选择算法选择的特征	逐步后向选择算法选择的特征
usage peak	processor time
processor time	available memory

续表

逐步前向选择算法选择的特征	逐步后向选择算法选择的特征
available memory	total propfind requests
. NET heap memory	context switches/sec
	current anonymous users
	not found errors/sec
	current ISAPI extension requests
	head requests/sec

在表5.3中，采用逐步前向选择算法筛选出的参数共有4个，与表5.2相比增加了 available memory(可用内存)。

4. 最后的 20% 作为老化状态

表5.4给出了逐步前向选择和逐步后向选择算法筛选出的特征集。

表5.4 筛选出的特征集(20%)

逐步前向选择算法选择的特征	逐步后向选择算法选择的特征
usage peak	usage peak
processor time	processor time
available memory	available memory
get requests/sec	context switches/sec
not found errors/sec	not found errors/sec
head requests/sec	total propfind requests
disk write bytes/sec	ISAPI extension requests/sec
post requests/sec	head requests/sec

综合考虑两类特征选择算法在四类实验中所选出的特征参数的出现次数、每一个特征参数的显著性以及其他学者所采用的老化特征参数，本书采用如下特征参数作为软件老化状态预测中使用的特征集(见表5.5)。

117

表 5.5   **最终的特征集**

最终选取的特征	说明
usage peak	用百分比显示的虚拟内存使用比例
processor time	CPU 使用率
available memory	可用内存
context switches/sec	CPU 上下文转换
not found errors/sec	服务器无法处理的请求导致的出错
total propfind requests	使用 propfind 方法的 HTTP 请求数(从服务启动后);propfind 用于在文件和服务器上检索属性值
current ISAPI extension requests	当前 Web 服务同时处理的 ISAPI 请求数
. NET heap memory	. NET 环境下已使用的堆内存
bytes received/sec	Web 服务接收到的数据字节数目

5.2.4　基于 SVM 的软件老化预测过程

本节将使用支持向量机模型预测 IIS 服务器的状态，以确定是否可以通过所提出的框架对软件的老化问题进行预测。

本书定义正确率为：

$$\text{Accuracy} = \frac{N_{\text{true}}}{N_{\text{true}} + N_{\text{false}}} \tag{5.19}$$

式(5.19)中 Accuracy 表示正确率，其中 N_{true} 表示正确的预测个数，N_{false} 表示错误的预测个数。

5.2.4.1　基于 SVM 的老化状态预测

为了研究支持向量机模型能否正确预测 IIS Web 服务器中的老化问题，本书使用 5.2.3 节中筛选出的特征集中的特征参数训练、验证和测试支持向量机模型。在交叉验证中，holdout 验证通常将少于样本三分之一的数据作为验证数据。经过多次的实验，本书首先将第一个数据集中 70% 的数据用于对支持向量机模型的训练，将剩余 30% 的数据用于验证支持向量机模型的预测效果并避免过拟合问题的出现。另外一个没有用于训练和验证的数据集将用于测试支持向量机模型对于 IIS Web 服务器中出现的软件老化现象的泛化预测能力。与 5.2.3 节类似，为了能够对数据集的状态合理标注以表示软件状态，本书将收集到的数据集中的数据按照不同的比例标注为两种状态：正常状态；老化状态，对数据集中状态的标注与 5.2.3 节中的状态标注相同。为了能够找到一个合适的支持向量机核函数用于老化分析，本书选择四个核函数：线性核、多项式核、Sigmoid 核、径向基函数核，[168] 作为支持向量机的可选核函数。

1. 最后的 5% 作为老化状态

表 5.6 给出了验证阶段和测试阶段中支持向量机模型的预测正确率。

在表 5.6 中，除了 Sigmoid 核外，其他核函数的支持向量机模型在验证阶段预测正确率均高于 99%，但是通过检查四个核函数在测试阶段的预测数据，我们发现每一个模型都不能正确预测出第二个数据集（测试阶段）的老化状态，而这意味着选择数据中最后的 5% 作为老化状态并不合适。四个核函数在第二个数据集中的预测结果见表 5.7。在表 5.6 和表 5.7 中，尽管径向基函数核在测试阶段比其他核函数的预测正确率要高，但是该核函数支持向量机并不能正确地预测出 Web 服务器中老化状态的出现。

表 5.6   **SVM 的预测正确率(5%)**

	验证阶段的正确率	测试阶段的正确率
SVM(线性核)	99.42%	93.43%
SVM(多项式核)	99.52%	93.44%
SVM(Sigmoid 核)	94.81%	93.29%
SVM(径向基函数核)	99.31%	97.18%

表 5.7   **测试阶段的 SVM 的输出结果(5%)**

	正常状态	老化状态
正常状态(线性核)	12814	387

续表

	正常状态	老化状态
老化状态(线性核)	514	0
正常状态(多项式核)	12815	387
老化状态(多项式核)	513	0
正常状态(Sigmoid 核)	12795	387
老化状态(Sigmoid 核)	533	0
正常状态(径向基函数核)	13328	387
老化状态(径向基函数核)	0	0

2. 最后的 10%作为老化状态

表 5.8 给出了验证阶段和测试阶段中支持向量机模型的预测正确率。

在表 5.8 中，除了 Sigmoid 核函数之外其余三个核函数在验证阶段的预测正确率达到了 99%以上，多项式核和 Sigmoid 核在测试阶段有相同的预测正确率。

表 5.8　　　　　　　　　　**SVM 模型的预测正确率(10%)**

	验证阶段的正确率	测试阶段的正确率
SVM(线性核)	99.81%	84.75%
SVM(多项式核)	99.94%	88.49%
SVM(Sigmoid 核)	89.93%	88.49%
SVM(径向基函数核)	99.83%	85.84%

四个核函数在验证和测试阶段的预测结果见表 5.9。从 Sigmoid 核函数在验证阶段和测试阶段的预测结果来看，存在一个有趣的现象：尽管 Sigmoid 核不能够正确地预测验证阶段的软件老化状态，但是其能够预测出测试阶段的老化状态。此外，径向基函数核不能够正确地预测出测试阶段的老化状态。

表 5.9   **SVM 的输出结果（10%）**

	正常状态（验证阶段）	老化状态（验证阶段）	正常状态（测试阶段）	老化状态（测试阶段）
正常状态（线性核）	4660	6	10453	202
老化状态（线性核）	4	513	1889	1171
正常状态（多项式核）	4663	2	11983	1219
老化状态（多项式核）	1	517	359	154
正常状态（Sigmoid 核）	4661	519	11983	1219
老化状态（Sigmoid 核）	3	0	359	154
正常状态（径向基函数核）	4661	6	11761	1373
老化状态（径向基函数核）	3	513	581	0

3. 最后的 15%作为老化状态

表 5.10 给出了最后 15%的数据作为老化状态下的各个核函数支持向量机模型的预测正确率。

表 5.10   **SVM 模型的预测正确率（15%）**

	验证阶段的正确率	测试阶段的正确率
SVM（线性核）	99.17%	83.51%
SVM（多项式核）	99.25%	83.19%
SVM（Sigmoid 核）	84.93%	84.99%
SVM（径向基函数核）	99.15%	84.96%

在表 5.10 中，除了 Sigmoid 核函数之外，每一个核函数在验证阶段都有不错的预测正确率。在测试阶段中所有核函数的支持向量机预测正确率都在 80%以上，同时 Sigmoid 核与径向基函数核比其他两个核函数的预测正确率要高。表 5.11 给出了四类核函数在验证和测试阶段的预测结果。

表 5.11　　　　　　　　　　　　**SVM 的输出结果（15%）**

	正常状态 （验证阶段）	老化状态 （验证阶段）	正常状态 （测试阶段）	老化状态 （测试阶段）
正常状态（线性核）	4384	25	11297	1902
老化状态（线性核）	18	756	359	157
正常状态（多项式核）	4384	21	11230	1880
老化状态（多项式核）	18	760	426	179
正常状态（Sigmoid 核）	4402	781	11656	2059
老化状态（Sigmoid 核）	0	0	0	0
正常状态（径向基函数核）	4382	24	11652	2059
老化状态（径向基函数核）	20	757	4	0

在表 5.11 中，使用线性核和多项式核的支持向量机模型比使用其他两个核函数的支持向量机模型预测结果要好。尽管没有使用第二个数据集训练支持向量机模型，但线性核和多项式核能够提前两个小时预测软件老化现象的出现，尤其是多项式核函数的支持向量机模型可以提前三个小时预测出软件老化现象的出现。与之前实验中的结果类似，径向基函数核的支持向量机模型在测试阶段不能正确预测软件老化状态，同时 Sigmoid 核的支持向量机模型也不能正确预测出软件老化的状态。

4. 最后的 20%作为老化状态

表 5.12 给出了支持向量机四个核函数在验证阶段和测试阶段的预测正确率。

表 5.12　　　　　　　　　　**SVM 模型的预测正确率（20%）**

	验证阶段的正确率	测试阶段的正确率
支持向量机（线性核）	98.01%	78.51%
支持向量机（多项式核）	98.88%	78.43%
支持向量机（Sigmoid 核）	79.72%	78.48%
支持向量机（径向基函数核）	97.82%	80%

在表 5.12 中，Sigmoid 核函数在所有的四个核函数中预测正确率是最低的。表 5.13 给出了验证和测试阶段中四个核函数的预测结果。

表 5.13   **SVM 的输出结果(20%)**

	正常状态 （验证阶段）	老化状态 （验证阶段）	正常状态 （测试阶段）	老化状态 （测试阶段）
正常状态（线性核）	4100	58	10613	2589
老化状态（线性核）	45	980	359	154
正常状态（多项式核）	4112	25	10600	2586
老化状态（多项式核）	33	1013	372	157
正常状态（Sigmoid 核）	4132	1038	10609	2589
老化状态（Sigmoid 核）	13	0	363	154
正常状态（径向基函数核）	4098	66	10972	2743
老化状态（径向基函数核）	47	972	0	0

在表 5.12 和表 5.13 中，尽管径向基函数核支持向量机模型在测试阶段的预测正确率要高于其他几个核函数，但是其仍然不能正确预测出 IIS Web 服务器的老化状态。

通过以上四个实验的结果，我们发现使用 Sigmoid 核和径向基函数核的支持向量机模型预测 IIS Web 服务器中的软件老化状态是不合适的，而线性核和多项式核的支持向量机模型对于 IIS Web 服务器的老化现象的预测效果要好于其他两个核的支持向量机模型。

综合以上四个实验的结果，本书认为多项式核的支持向量机模型预测效果最好，在第三个实验中，多项式核的支持向量机模型可以提前三个小时预测出测试集中 IIS Web 服务器的老化状态，因此本书将多项式核支持向量机模型用于接下来的敏感性分析。

5.2.4.2　基于 SVM 的敏感性分析

通过使用敏感性分析查看每一个特征参数对于模型预测效果的整体贡献，可以指导系统工程人员或者管理者更好地调整系统以及找到老化的原因。本节通过一次移除一个特征参数(有放回),使用剩余的特征参数来训练多项式核支持向量机模型,并使用得到的模型对特征参数的作用进行分析(最后 15%作为老化状态)。

敏感性分析算法描述如下。

输入:两个标注好状态的 IIS Web 数据集;特征参数。

输出:两个数据集的状态信息。

步骤:

for i in 特征参数集 do

　　　　移除特征参数集中的第 i 个参数

　　　　对多项式核的支持向量机模型进行训练、验证和测试

　　　　输出预测结果

end for

对多项式核支持向量机模型使用敏感性分析的预测正确率结果见表 5.14。

表 5.14　　　　　　　　　**使用多项式核 SVM 的敏感性分析结果**

特征	验证阶段的正确率	测试阶段的正确率
所有特征	99.25%	83.19%
usage peak	93.65%	73.62%
processor time	98.73%	83.41%
available memory	97.95%	85.64%
context switches/sec	99.21%	86.74%
not found errors/sec	99.27%	83.2%
total propfind requests	99.25%	83.21%
current ISAPI extension requests	99.27%	83.5%
. NET heap memory	96.31%	87.24%
bytes received/sec	99.29%	83.19%

在表 5.14 中,我们发现除了 usage peak 特征之外,一次删除一个特征能够使测试集中的预测正确率增加(bytes received/sec 除外),而这意味着其他特征参数对于 IIS Web 服务器的老化状态预测来说可能是冗余的特征。为此,需要查看

usage peak 特征参数对于 IIS Web 服务器的老化预测是否是唯一重要的特征。我们为此做了一个实验：仅仅使用一个特征——usage peak 特征参数去建立多项式核支持向量机模型。仅使用 usage peak 作为特征参数的预测结果见表 5.15。

表 5.15　仅使用 usage peak 作为特征的多项式核 SVM 输入的预测结果

	验证阶段的 正常状态	验证阶段的 老化状态	测试阶段的 正常状态	测试阶段的 老化状态
正常状态	3646	0	11299	2059
老化状态	756	781	357	0

在表 5.15 中，我们发现仅仅使用 usage peak 作为特征参数的多项式核支持向量机模型在验证阶段预测正确率仅仅只有 85.42%，同时模型尽管可以预测出 IIS Web 服务器中的正常状态，但是却完全不能够正确预测出测试集中 IIS Web 服务器的老化状态。此实验说明了尽管其他特征参数单独看起来似乎对于预测正确率的提升贡献很小，但是通过相互之间的作用这些特征参数对于老化状态的预测却有着很大的影响。

5.2.5　基于机器学习算法软件老化预测过程

本节使用包含支持向量机（5.2.4.1 节中的多项式核支持向量机）、决策树[178~180]（C4.5）、感知器人工神经网络[128]在内的机器学习算法对软件老化状态进行预测，以确定机器学习算法是否可以对 IIS Web 服务器中的老化状态进行预测。

5.2.5.1　基于机器学习算法的老化状态预测

本节中使用的数据和老化状态的标注与 5.2.4 节相同。所用的输入特征参数来自 5.2.3 节中特征选择筛选出的特征参数。

1. 最后的 5% 作为老化状态

表 5.16 给出了验证阶段和测试阶段中三类机器学习算法的预测结果，表中

的 C4.5 代表本章中使用的决策树模型。

表 5.16　　　　　　　　　　**机器学习算法的预测结果（5%）**

	正常状态 （验证阶段）	老化状态 （验证阶段）	正常状态 （测试阶段）	老化状态 （测试阶段）
正常状态（C4.5）	4923	13	12867	387
老化状态（C4.5）	10	237	461	0
正常状态（ANN）	4921	13	13012	383
老化状态（ANN）	12	237	316	4
正常状态（SVM）	4921	13	12815	387
老化状态（SVM）	12	237	513	0

在表 5.16 中，三个模型在验证阶段的预测性能都很好，但是除了人工神经网络可以在测试阶段正确地预测出 4 次老化状态外，其他模型都无法正确地预测出老化状态。而这说明对最后的 5%数据标注为老化状态数据可能并不合适。

2. 最后的 10%作为老化状态

表 5.17 给出了验证阶段和测试阶段中三类机器学习算法的预测结果。

表 5.17　　　　　　　　　　**机器学习算法的预测结果（10%）**

	正常状态 （验证阶段）	老化状态 （验证阶段）	正常状态 （测试阶段）	老化状态 （测试阶段）
正常状态（C4.5）	4663	1	9883	136
老化状态（C4.5）	1	518	2459	1237
正常状态（ANN）	4663	2	12342	1373
老化状态（ANN）	1	517	0	0
正常状态（SVM）	4663	2	11983	1219
老化状态（SVM）	1	517	359	154

在表 5.17 中，每一个模型在验证阶段都可以很好地区分 Web 服务器的正常

状态和老化状态。在测试阶段，人工神经网络不能够正确预测出系统的老化状态，而支持向量机模型能够正确预测出 154 次 Web 服务器的老化状态。在测试阶段，决策树算法在老化状态的预测效果上要好于其他两种算法，尽管在第四列中其将正常的状态误测为老化状态。

3. 最后的 15% 作为老化状态

表 5.18 给出了验证阶段和测试阶段中三类机器学习算法的预测结果。

在表 5.18 中，在验证阶段每一个模型都有较好的预测效果。在测试阶段中，人工神经网络和决策树算法比支持向量机模型正确预测出了更多的 Web 服务器老化问题。可以看出在第四列中，支持向量机模型比其他两个模型的预测结果要好。在第五列中，每一个模型都能够预测出老化状态，但是决策树对老化状态的误报要明显少于支持向量机和人工神经网络，支持向量机模型的误报次数明显多于决策树模型。

表 5.18　　　　　　　　　　机器学习算法的预测结果（15%）

	正常状态 （验证阶段）	老化状态 （验证阶段）	正常状态 （测试阶段）	老化状态 （测试阶段）
正常状态(C4.5)	4393	18	9588	431
老化状态(C4.5)	9	763	2068	1628
正常状态(ANN)	4390	19	11102	1000
老化状态(ANN)	12	762	554	1059
正常状态(SVM)	4384	21	11230	1880
老化状态(SVM)	18	760	426	179

本书使用表 5.18 中的数据对决策树算法进行训练得到了一个由 9 个特征建立的，由 39 个节点组成的决策树。通过查看这个决策树，我们发现当处理器的使用率超过 66.504% 时，决策树算法会判断系统处于老化状态。而当处理器的使用率低于 66.504%，且 usage peak 低于 46.28 时，Web 服务器的状态为正常的状态。依赖于以上的两个特征参数，决策树算法可以准确预测出 IIS 服务器的大部分状态。

4. 最后的 20% 作为老化状态

本书将最后的 20% 的数据标记为老化状态数据。表 5.19 给出了在验证阶段和测试阶段的预测结果。

表 5.19　　　　　　　　　　机器学习算法的预测结果（**20%**）

	正常状态 （验证阶段）	老化状态 （验证阶段）	正常状态 （测试阶段）	老化状态 （测试阶段）
正常状态(C4.5)	4134	17	10972	2743
老化状态(C4.5)	11	1021	0	0
正常状态(ANN)	4113	33	10972	2743
老化状态(ANN)	32	1005	0	0
正常状态(SVM)	4112	25	10600	2586
老化状态(SVM)	33	1013	372	157

从验证阶段来看，三个模型都能够很好地预测出 Web 服务器的状态。但是在测试阶段中，除了支持向量机外其他两个模型的表现很差。在第 5 列中，人工神经网络和决策树不能正确地预测出 Web 服务器的老化状态，但支持向量机模型可以成功地预测出 157 次老化状态。

综合以上四个实验的结果来看，三类模型在不同的老化状态数据上表现差异很大：每一个模型都可以在验证阶段很好地预测老化状态，但是在测试阶段不同模型在不同的数据状态标注上差异很大。从测试集上来看，决策树算法能够较多次地预测出 IIS Web 服务器的老化状态。

从三类机器学习算法对于 Web 服务器老化的预测结果来看，使用最后 15% 数据作为老化状态数据的决策树算法能够较多次地正确预测出 IIS 服务器的老化状态。

5.2.5.2　基于机器学习算法的老化状态预测（时间序列预测）

为了能够提前预知系统的状态，本节首先使用第二章中使用的 ARIMA 模型拟合所用到的特征参数，然后使用机器学习算法对 IIS Web 服务器中的状态进行预测。表 5.20 列出了使用 ARIMA 模型拟合时验证阶段数据集的平均绝对误差。

表 5.20   验证阶段使用 **ARIMA** 模型预测的平均绝对误差

误差	usage peak	processor time	available memory	context switches/ sec	not found errors/sec	total propfind requests	current ISAPI extension requests	. NET heap memory	bytes received/ sec
MAE	0.002	1.298	7.884	2379.004	0.575	0.00078	5.692	26.333	1361.843

表 5.21 列出了 ARIMA 模型的 p, d, q 的值。

表 5.21   **各特征 ARIMA 模型阶数**

阶数	usage peak	processor time	available memory	context switches/ sec	not found errors/ sec	total propfind requests	current ISAPI extension requests	. NET heap memory	bytes received/ sec
阶数	ARIMA (0, 1, 11)	ARIMA (1, 1, 3)	ARIMA (0, 1, 17)	ARIMA (1, 0, 8)	ARIMA (1, 1, 12)	ARIMA (2, 1, 1)	ARIMA (1, 0, 14)	ARIMA (0, 1, 6)	ARIMA (1, 0, 4)

图 5.4 至图 5.12 是验证集中各原始观测值和 ARIMA 模型拟合值的结果。

在图 5.4 中，usage peak 特征参数在 12000 分钟左右达到了峰值，并且直到服务器被重启之前一直维持着该状态。

在图 5.5 中，在 15500 分钟左右 CPU 使用率达到了 80%，此后 CPU 一直维持着高使用率状态，服务器被重启之前 CPU 使用率达到了 96.06%。

在图 5.6 中，可用内存在 15500 分钟后出现了持续下降的趋势。

在图 5.7 中，context switches 特征参数在 12000 分钟左右达到了峰值，之后 CPU 上下文切换次数逐步减少。

在图 5.8 中，not found errors 在 8300 分钟左右达到了峰值，之后出现了振荡下降的现象。

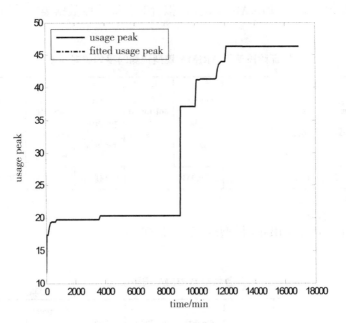

图 5.4   拟合的 usage peak 与原始的 usage peak

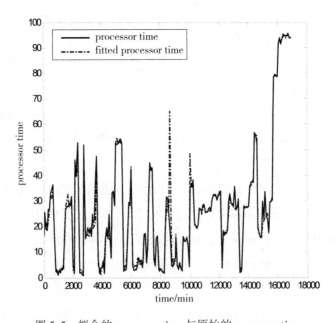

图 5.5   拟合的 processor time 与原始的 processor time

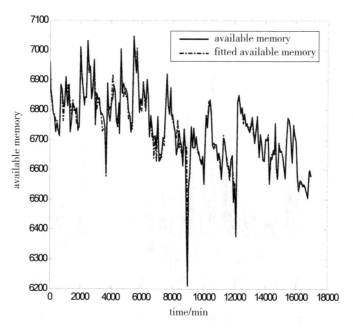

图 5.6 拟合的 available memory 与原始的 available memory

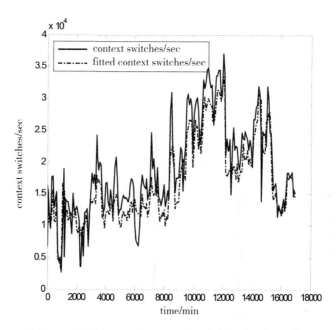

图 5.7 拟合的 context switches 与原始的 context switches

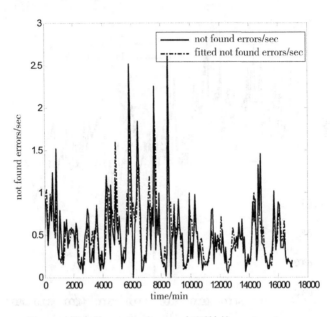

图 5.8　拟合的 not found errors 与原始的 not found errors

在图 5.9 中，total propfind requests 在有限的时间段内存在非零值，而在 9000 分钟左右以后为零值。

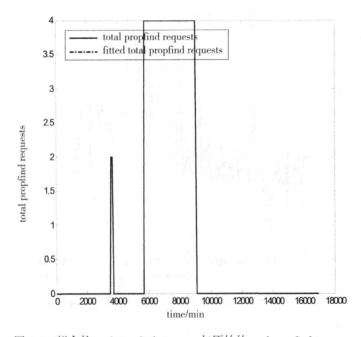

图 5.9　拟合的 total propfind requests 与原始的 total propfind requests

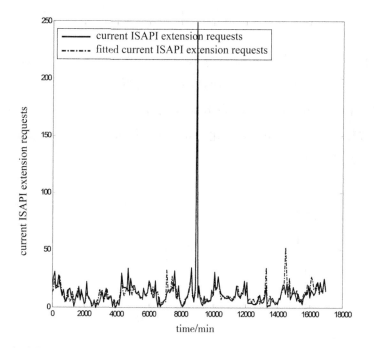

图 5.10 拟合的 current ISAPI extension requests 与原始的 current ISAPI extension requests

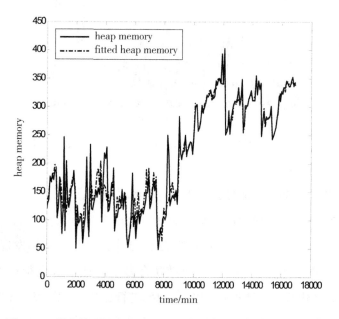

图 5.11 拟合的 . NET heap memory 与原始的 . NET heap memory

在图 5.10 中，current ISAPI extension requests 在 9000 分钟左右达到了极值，该值远远大于之前的值。

在图 5.11 中，. NET heap memory 在 9000 分钟之后一直在 300MB 左右振荡，在 12000 分钟左右达到极值，之后出现振荡下降的趋势。

在图 5.12 中，bytes received 在 7000 分钟左右收到大规模的用户请求，之后接收的字节数一直在 0 到 10000 变化，并且在提供服务的最后时间段内接收的字节数维持在较低的水平。

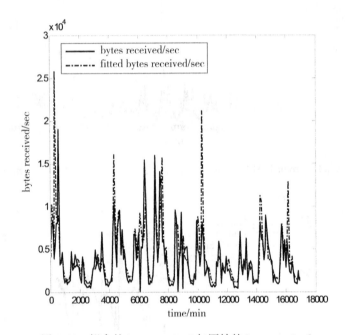

图 5.12　拟合的 bytes received 与原始的 bytes received

表 5.22 给出了部分特征参数峰值及对应的时间点。

在表 5.22 中，所选择的特征参数的峰值出现在整个数据集的后部，明显集中在数据集最后的 30% 位置。通过观察表 5.22 中的数据，我们发现通过单个特征参数很难确定老化状态，同时即使是联合多个特征参数也很难准确确定 IIS Web 服务器的老化状态。通过对 CPU 使用率进行分析，我们发现 CPU 使用率超过 90% 时，数据集中于 16000 分钟左右，大约在整个数据集的 90% 位置处。通过以上分析，我们发现通过数据集的比例来对老化状态进行划分是合理的。

表 5.22   部分特征参数峰值及对应的时间点

特征参数	峰值	时间点	在整个数据集中所处的位置
usage peak	46.27875275	12268	70.8%
processor time	96.06%	16655	96.2%
available memory	6177MB	9130	52.8%
context switches	38421.702	12126	70%
current ISAPI extension requests	835	15519	89.7%
.NET heap memory	409.43	12268	70.9%
bytes received	497024.2179	10499	60.6%

本书使用 ARIMA 模型拟合得到的第一个数据集中的 70% 的数据用于三类机器学习算法的训练,将剩余的 30% 作为验证集。本书使用 ARIMA 模型对第二个数据集拟合得到的数据集(没有参与模型的建立)作为测试集用于测试三类机器学习算法对于 IIS Web 服务器老化状态的泛化预测能力。两个拟合数据集中的状态标注来自 5.2.4 节中的状态标注。所用的输入特征参数来自特征选择中选出的特征参数。

1. 最后的 5% 作为老化状态

表 5.23 给出了验证阶段和测试阶段中三类机器学习算法的预测结果。

表 5.23   机器学习算法的预测结果 (5%)

	正常状态(验证阶段)	老化状态(验证阶段)	正常状态(测试阶段)	老化状态(测试阶段)
正常状态(C4.5)	4931	6	12500	386
老化状态(C4.5)	2	244	828	1
正常状态(ANN)	4933	2	13189	387
老化状态(ANN)	0	248	139	0
正常状态(SVM)	4933	3	11286	387
老化状态(SVM)	0	247	2042	0

在表 5.23 中，三个模型在验证阶段的预测结果都很好，但是在测试阶段除了决策树算法可以正确地预测出 1 次老化状态外，其他模型都无法正确地预测出老化的状态。而这说明将预测后数据中的最后 5%的数据作为老化状态数据用于三个模型并不能正确区分出老化状态和正常状态。

2. 最后的 10%作为老化状态

表 5.24 给出了验证阶段和测试阶段中使用 ARIMA 拟合后的最后 10%数据作为老化状态数据的机器学习算法的预测结果。

在表 5.24 中，每一个模型在验证阶段都可以很好地区分 IIS Web 服务器的两类状态：正常状态和老化状态。同时与表 5.17 相比，通过使用 ARIMA 拟合的数据，人工神经网络模型在测试阶段可以正确预测出老化状态，这也说明了本章中提出的框架是可行的。在测试阶段，每一个模型都可以预测出 Web 服务器的老化问题，其中人工神经网络的预测正确率是最高的，尽管决策树算法能够更多次地预测出 Web 服务器的老化状态。

表 5.24　　　　　　　　　　　　机器学习算法的预测结果（10%）

	正常状态 （验证阶段）	老化状态 （验证阶段）	正常状态 （测试阶段）	老化状态 （测试阶段）
正常状态(C4.5)	4663	1	9210	44
老化状态(C4.5)	1	518	3132	1329
正常状态(ANN)	4664	2	11241	387
老化状态(ANN)	0	517	1101	986
正常状态(SVM)	4664	1	10780	893
老化状态(SVM)	0	518	1562	480

3. 最后的 15%作为老化状态

表 5.25 给出了验证阶段和测试阶段中机器学习算法的预测结果。在验证阶

段中，每一个模型都可以很好地预测 Web 服务器的状态，无论是老化状态还是正常状态，其中决策树算法的预测效果最好。在测试阶段中，尽管支持向量机模型和决策树算法对于软件老化的状态预测效果要好于人工神经网络，但是人工神经网络具有更高的预测正确率。在第 4 列中，人工神经网络对于正常状态的预测效果要好于其他的两个模型。在第 5 列中，每一个模型都能够预测出老化的状态，但是决策树和支持向量机的预测效果要明显好于人工神经网络。与表 5.18 相比，尽管人工神经网络在测试阶段对于老化状态的预测正确次数下降了，但是仍然能够提前 3 个小时预测出老化问题的出现，同时支持向量回归模型较之前而言老化预测正确次数大幅增加了。

表 5.25   **机器学习算法的预测结果（15%）**

	正常状态 （验证阶段）	老化状态 （验证阶段）	正常状态 （测试阶段）	老化状态 （测试阶段）
正常状态（C4.5）	4397	17	9133	219
老化状态（C4.5）	5	764	2523	1840
正常状态（ANN）	4391	24	11568	1798
老化状态（ANN）	11	757	88	261
正常状态（SVM）	4385	19	10090	1405
老化状态（SVM）	17	762	1566	654

4. 最后的 20% 作为老化状态

本书将使用 ARIMA 拟合的结果集中的最后 20% 的数据标记为老化状态数据。表 5.26 给出了在验证阶段和测试阶段相关机器学习算法的预测结果。

从验证阶段来看，三个模型都能够很好地预测出 Web 服务器的状态。但是在测试阶段中，除了支持向量机能够预测出老化状态，其他两个模型都不能正确地预测出老化状态。在第 5 列数据中，人工神经网络和决策树不能正确地预测出 Web 服务器的老化状态，但支持向量机模型可以正确预测出 691 次 Web 服务器的老化状态。与表 5.19 相比，尽管支持向量机在测试阶段中出现了多次的老化状态误报问题，但是老化状态预测正确的次数较之前多了 534 次。

表 5.26　　　　　　　　　　机器学习算法的预测结果（20%）

	正常状态（验证阶段）	老化状态（验证阶段）	正常状态（测试阶段）	老化状态（测试阶段）
正常状态(C4.5)	4136	12	10972	2743
老化状态(C4.5)	9	1026	0	0
正常状态(ANN)	4120	10	10972	2743
老化状态(ANN)	25	1028	0	0
正常状态(SVM)	4120	9	9552	2052
老化状态(SVM)	25	1029	1420	691

综合以上四个实验结果来看，三类模型在不同的老化状态数据上表现差异很大，但从对于老化状态的预测效果来看，使用 ARIMA 模型对数据进行拟合后再进行老化状态预测的效果要好于直接使用原始数据的预测效果。

5.2.5.3　基于机器学习算法的敏感性分析

本节通过一次移除一个特征，使用剩余的特征参数来训练决策树算法，并使用得到的模型对特征参数的作用进行分析。使用敏感性分析对表 5.25 中决策树算法进行分析的输出结果见表 5.27。

表 5.27　　　　　　　　　　决策树算法的敏感性分析结果

特征参数	验证阶段的正确率	测试阶段的正确率
所有特征	99.76%	80.01%
usage peak	99.29%	79.88%
processor time	99.58%	84.99%
available memory	99.42%	80.01%
context switches/sec	99.56%	80.01%
not found errors/sec	99.58%	80.01%

特征参数	验证阶段的正确率	测试阶段的正确率
total propfind requests	99.58%	80.01%
current ISAPI extension requests	99.61%	80.01%
.NET heap memory	99.54%	80.01%
bytes received/sec	99.65%	80.01%

表 5.27 中，在验证阶段除了 usage peak 和 available memory 特征之外，一次删除一个特征能够使测试集中的预测正确率增加；同时我们发现一个有趣的现象，通过删除 processor time，预测的正确率增加到了 84.99%，但是通过对输出结果的查看，我们发现模型此时还不能正确地对老化状态进行预测，这意味着这种正确率的增加对于老化现象的预测是有意义的。在测试阶段，通过删除 usage peak 和 processor time 之外的其他特征，预测正确率为 80.01%。此时需要查看除 usage peak 和 processor time 之外的其他特征对于软件老化预测有无贡献，为此我们做了一个测试：仅仅使用 usage peak 和 processor time 建立决策树模型，结果见表 5.28。

表 5.28　仅使用 **usage peak** 和 **processor time** 作为决策树输入的预测结果

	验证阶段的 正常状态	验证阶段的 老化状态	测试阶段的 正常状态	测试阶段的 老化状态
正常状态	4293	95	9133	219
老化状态	109	686	2523	1840

在表 5.28 中，我们发现仅使用 usage peak 和 processor time 来训练决策树模型时，验证阶段的预测正确率下降为 96.06%，但测试阶段的预测正确率为 80.01%，与表 5.25 中决策树在测试阶段的预测正确率相当。

5.3　小结

在过去的二十多年里关于软件老化的研究逐渐增多。大部分针对软件老化和抗衰的研究集中在使用统计学模型，如 Markov 模型分析系统可用时间上，而可以用于老化状态预测的机器学习算法却为许多学者所忽视。本章提出了一个基于机器学习算法预测软件老化状态的框架：第一，对收集的商业服务器中的数据进行预处理；第二，使用特征选择算法选择合适的特征作为机器学习算法的输入；第三，使用一个可选的时间序列模型提前对特征值进行预测；第四，使用机器学习算法预测软件老化；第五使用敏感性分析方法分析当输入特征变化时结果的变化。在实验阶段，本书使用所提出的框架对 IIS 服务器中的老化状态进行预测：本书首先使用支持向量机预测软件老化；然后使用包括支持向量机在内的决策树算法、人工神经网络算法预测软件老化；最后将使用 ARIMA 拟合的数据作为输入数据集用于老化状态的预测。通过实验我们发现：通过使用特征选择算法对输入参数进行筛选，输入参数的个数较最初的参数个数减少了 91.1%；将 Sigmoid 核和径向基函数核的支持向量机模型用于预测 IIS Web 服务器中的软件老化状态是不合适的，而线性核和多项式核的支持向量机模型对于 IIS Web 服务器的老化现象的预测效果要好于其他两个核的支持向量机模型；使用 ARIMA 拟合数据集的机器学习算法的预测效果在大部分情况下要好于仅使用原始数据集的机器学习算法的预测效果；通过使用敏感性分析，我们发现仅使用两个特征参数 usage peak 和 processor time 时，验证集中预测正确率仅下降了 3.7%，这说明通过使用敏感性分析可以在适当降低预测正确率的情况下减小特征参数的个数。

第6章 负载参数与资源消耗参数
相关性分析框架

从有关软件老化问题的研究来看，软件系统中可用资源的耗尽[16,31,181]被认为是软件出现性能问题以致出现老化现象的主要原因，系统中可用资源耗尽往往是文件锁未释放、线程未结束、舍入误差等问题引起的。

Garg 等人[31]在分析某个 UNIX 工作站中的老化问题时，指出可用内存的耗尽会导致软件出现老化问题。同时作者使用斜率估计的方法对老化问题进行了分析。Shereshevsky 等人[43]在对系统参数进行监视的基础上，使用 Hölder 指数判断软件老化问题是否出现，结果发现系统失效往往发生在 Hölder 指数第二次突然增加之前。Grottke 等人[34]使用自回归模型预测 Apache 服务器中的资源使用情况：物理内存和已用交换空间，发现在已用交换空间中存在周期性现象。

由于软件老化的出现往往伴随系统性能的下降，因此在相关研究中，性能参数，如响应时间、吞吐率等，常被作为判别标准。Okamura 等人[14]使用连续时间 Markov 模型对系统的退化问题进行建模，发现响应时间分布是一个 Markov 调制的泊松过程。然而在现实系统中响应时间由于受多种因素的影响：如带宽、网络状况等，往往很难被准确获取，因此其分布很难被准确确定。在对一个 VOD 系统和 AntiVision 系统中出现的软件老化问题进行分析的基础上，Chen 等人[169]提出一个多维多尺度熵的方法用于判断软件是否出现老化问题，在实验中，作者发现当软件出现老化时，平均带宽的熵值会变大。

尽管资源老化参数和性能老化参数可以被用于描述软件老化过程，但从与 Web 服务器老化有关的研究来看，为了得到软件老化状态的相关数据，以往研究往往采用人工加大负载[33~34]的方式得到资源消耗数据和性能数据，据此分析系统中的老化问题。从相关研究来看目前还没有关于 Web 服务器中负载参数和资源消耗参数之间关系的定量分析，而对这种关系的分析有助于系统管理员等相关人员更好地调节系统，减轻甚至避免软件老化带来的性能问题。

本章将对负载参数和资源消耗参数的关系从以下几个方面进行分析：资源消耗参数是否和负载参数有关，即是否可以通过人为调节负载参数获得运行软件的老化状态数据或者减轻软件受老化的影响，如果有关，这种关系如何定量表示；在负载参数与资源消耗参数有关的前提下，资源消耗参数对负载参数的敏感性如何；以及在负载参数与资源消耗参数有关的前提下，负载参数对资源参数进行拟合时，其对资源消耗参数的预测精度如何。图 6.1 给出了负载参数和资源消耗参数相关性分析的流程。

图 6.1　负载参数和资源消耗参数相关性分析流程

6.1　负载参数与资源消耗参数相关性分析过程

Maezejak 等人[124]在一个由内存耗尽引起软件老化问题的 SOA 系统中使用三类机器学习算法：朴素贝叶斯、决策树、支持向量机，预测软件老化的出现，结果发现决策树算法在三类算法中预测效果最好。Alonso 等人[127]在一个遭受老化影响的 J2EE 平台上使用回归树算法计算失效时间。在实验中，作者发现回归树算法能够很好地适应不同的软件老化场景。基于回归树算法的良好预测能力，本章采用回归树算法对 IIS 服务器中的负载参数和资源消耗参数进行分析。此外，回归树算法作为一种非参数的方法，其优势还在于：

第一，回归树是一种非参数化方法。当对所收集数据的特征了解很少，甚至完全不了解时，这种非参数的分析方法将特别有效。因为，当样本中的错误分布等信息与模型的假设条件不匹配时，这些附加的假设条件将成为构建参数模型的障碍。

第二，回归树不需要提前对所需参数进行选择。这意味着即使我们收集的参数中存在一些与模型建立不相关的参数，模型仍然能够自动选择合适的参数。而这种优势将在我们的实验中得到证实。

第三，回归树能够处理离群点。

对于回归树算法的使用描述如下。

输入参数：数据集中的负载参数和资源消耗参数。

输出参数：构建好的回归树。

步骤：

(1)在任意一个回归树节点中，将数据集中所收集的参数，按照从小到大的顺序进行排序。

(2)选择每一个参数值作为分割节点，计算每个分割节点中其子节点的异质性度量统计值。

(3)选择具有最大异质性度量衰减的参数作为分割参数用于建立节点，并据此建立回归树。

在使用回归树建立负载参数对资源消耗参数的拟合之前，有两个问题需要解决：第一，需要为树中的每一个节点找到一个合适的负载参数值用于数据的分割；第二，在构建回归树的过程中，需要确定停止规则，以避免过度分割问题的出现。

令所收集数据集 x 中含有 n 个参数，x_i 表示第 i 个参数，则整个数据集可以表示为：

$$\bigcup_{i=1}^{n} x_i = x \tag{6.1}$$

令 y 表示数据集 x 中的一个连续资源消耗参数，则从 x 到 y 存在映射：

$$f: x \to y \tag{6.2}$$

由于回归树中的每一个节点的分割方法可以有多种选择方式，因此对于资源消耗参数 y 的函数表示并不唯一，为此我们需要找到一个合适的方法用于节点数据的分割，以减小误差。

资源消耗回归树中的任意一个内部节点在进行数据分割时，可以按如下的方式进行表示：

$$x_i \leq a \tag{6.3}$$

式(6.3) 中 a 是一个固定值。对于数据集 x 中的 n 维向量 $x = (x_1,\ x_2,\ \cdots,\ x_n)$，当用于分割节点时可以将其表示为：

$$\begin{cases} a_1 < x_1 < b_1 \\ a_2 < x_2 < b_2 \\ \vdots \\ a_i < x_i < b_i \\ \vdots \\ a_n < x_n < b_n \end{cases} \tag{6.4}$$

式(6.4) 中 a_i，b_i 是常数值，由此可以对数据进行分割，建立资源消耗回归树的表示。但由于存在一个大于 0 的 n 维向量 ε，这些常数值往往并不唯一：

$$\begin{cases} a_1 - \varepsilon_1 < x_1 < b_1 + \varepsilon_1 \\ a_2 - \varepsilon_2 < x_2 < b_2 + \varepsilon_2 \\ \vdots \\ a_i - \varepsilon_i < x_i < b_i + \varepsilon_i \\ \vdots \\ a_n - \varepsilon_n < x_n < b_n + \varepsilon_n \end{cases} \tag{6.5}$$

由于 ε 的存在，这种节点的分割并不唯一。为此需要引入同质性或异质性度量准则以评估分割方法的效果，并据此找到一个更好的方式对数据进行分割。

在本章中，我们使用偏差平方和作为异质性度量方法。考虑到回归树中参数以及节点的特性，我们在此处对偏差平方和进行修改，表示节点 t 的风险估计 $R(t)$ 为：

$$R(t) = \frac{1}{N_w(t)} \sum_{i \in t} w_i \left(y_i - \bar{y}(t) \right)^2 \tag{6.6}$$

式(6.6) 中 $R(t)$ 为节点 t 的风险估计，$N_w(t)$ 表示节点 t 中记录个数占所有记录个数的百分比，w_i 是记录 i 的权重，y_i 是资源消耗参数，$\bar{y}(t)$ 是节点 t 中资源消耗参数的均值。使用偏差平方和函数计算节点 t 按照负载参数 s 进行分割的异质性度量定义如下：

$$\Phi(s,\ t) = R(t) - p_l R(t_l) - p_r R(t_r) \tag{6.7}$$

式(6.7) 中 p_l 表示 t 的左子树中记录占 t 的百分比，p_r 表示 t 的右子树中记录

占 t 的百分比，$R(t_l)$ 表示 t 的左子树的最小平方误差，$R(t_r)$ 表示 t 的右子树的最小平方误差，s 表示一个分割：即使用每一个负载参数对数据集进行分割。对于 s 的选取原则为最大化 $\Phi(s, t)$。

为了避免对数据过度分割，下一步是选择一个终止条件用于结束对回归树中节点的分割。终止条件如下：

一个节点中的所有记录其预测值相同；

树的深度达到了指定的最大值；

节点中的记录数量小于指定的最小记录数；

节点中所有记录的目标值相同，即为纯节点；

异质性度量最大下降至小于指定的值。

在通过负载参数建立对资源消耗参数的拟合后，下一步是检查负载参数是否与资源参数有关：通过拟合的资源消耗参数与资源参数之间进行比较间接得到。在本章中，我们采用一个目前广泛使用的方法——皮尔逊相关系数来计算负载参数和资源消耗参数之间的相关性。皮尔逊相关系数 r 的值范围为 -1 到 1。如果相关系数为正值，则表明使用负载参数拟合的资源消耗参数与资源消耗参数之间存在正相关关系，即随着负载的增加，资源消耗将持续增加。如果相关系数为负值，则表明使用负载参数表示的资源消耗参数与资源消耗参数之间存在负相关关系，即随着负载的增加，资源消耗将持续减少。如果相关系数为零，则表明使用负载参数拟合的资源消耗参数与资源消耗参数之间不存在线性关系。同时本书使用 P 值表示统计显著性，通常 P 值低于 0.05 时表示相关性是显著的。

尽管可以通过相关系数分析负载参数与资源消耗参数之间的关系，但我们仍然需要分析当输入负载参数被移除时，资源消耗参数的敏感程度，即敏感性。敏感性分析是研究当输入参数变化时，输出是如何变化的。通过此种分析可以帮助用户、系统管理人员根据这些输入参数更好地调节系统，或者帮助工程技术人员找到造成老化等问题的原因。

在本章的最后，我们将使用负载参数对资源消耗参数进行预测，并且将本书的方法与相关研究[182]中提出的方法进行比较。

6.2　实验验证

本章中的实验环境与第四章中的实验环境相同，并且所使用的数据集为第四章实验中的第一个数据集，所用参数为表 5.5 中的参数。在表 5.5 中，我们通过逐步的前向选择算法和逐步的后向选择算法确定了 9 个参数用于 Web 服务器的老化预测，这些参数分别是：usage peak，processor time，available memory，context switches，not found errors，total propfind requests，current ISAPI extension requests，heap memory，bytes received。其中 available memory 和 heap memory 作为资源消耗参数；其余参数作为负载参数。

6.2.1　负载参数与资源消耗参数之间的相关性分析

本节将对负载参数与资源消耗参数之间的相关性进行讨论。为了测量模型的误差，我们使用了平均绝对误差 MAE 作为观测值和拟合值之间的误差度量标准。

1. 可用内存与负载参数的拟合

由于负载参数包含多个类型的参数，难以直接与可用内存进行相关性比较，因此我们使用负载参数对可用内存进行拟合，将拟合值与可用内存观测值进行比较，间接得到可用内存与负载参数之间的相关关系。我们选择的输入负载参数有：usage peak，processor time，context switches，not found errors，total propfind requests，current ISAPI extension requests，bytes received。我们使用数据集中所有的数据去拟合可用内存，从整体上考虑两类参数之间的相关性。可用内存的拟合值和观测值结果见图 6.2。从该图中，可以看到，不仅大部分的观测值可以很好地被拟合，同时拟合值也很好地反映了可用内存的趋势，并对可用内存中出现的一些突变值进行了平滑；在系统运行的最后阶段，大约是在 16000 分钟可用内存的观测值逐渐变小，而这可能预示着老化问题的出现。同时通过直接观察，我们推测可用内存和负载参数之间可能存在一定的相关性。

2. 堆内存与负载参数的拟合

与可用内存的拟合类似，在堆内存与负载参数的相关性分析中，我们也使用

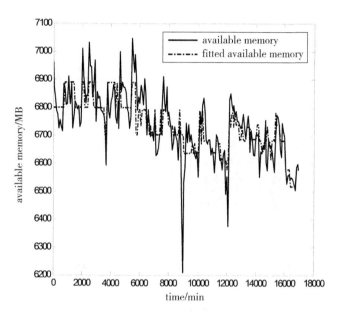

图 6.2　可用内存的观测值和拟合值

了回归树建立负载参数对堆内存的拟合，通过分析拟合值与观测值之间的相关性间接分析堆内存与负载参数之间的相关性。在使用负载参数对堆内存进行拟合时，所用负载参数与可用内存中所使用的负载参数相同，同时使用第一个数据集中所有的负载数据去拟合堆内存。堆内存的观测值与拟合值结果见图 6.3。

　　在图 6.3 中，在 IIS 服务器运行的初始阶段，由于负载较小，因此对于堆内存的消耗较少，这种状态一直保持到第 9000 分钟左右，这种现象与使用人工负载数据中出现的现象差异很大，在通过人工加大负载获得系统状态数据的研究中，资源消耗在很短的时间就达到了高峰，往往是在几十分钟内。之后从第 9000 分钟开始直到 12000 分钟时，堆内存消耗处于一种振荡上升的状态。在系统运行的最后阶段，堆内存的消耗一直保持在较高的水平。同时我们发现尽管在运行的最后阶段拟合值并没有准确地拟合观测值，但拟合值准确跟踪了观测值的趋势，通过直接观察，我们推测堆内存与负载参数之间也可能存在一定的相关性。

3. 资源消耗内存与负载参数的相关性分析

　　通过直接观察我们发现使用负载参数拟合的资源消耗值与其相应的观测值之

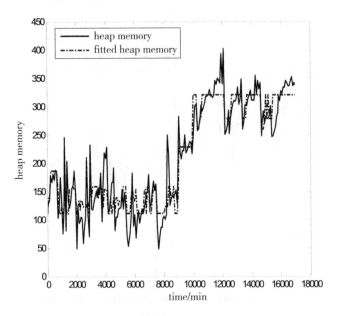

图 6.3　堆内存的观测值和拟合值

间可能存在一定的相关性。本书将使用皮尔逊相关系数定量分析负载参数和资源消耗参数之间的相关关系，同时使用 MAE 定量计算拟合值和观测值之间的误差。可用内存和堆内存两类资源消耗参数的计算结果见表 6.1。

表 6.1　　　　　　　　　　　　　可用内存和堆内存结果

参数	平均绝对误差	皮尔逊相关系数	P 值（双侧检验）
可用内存	51.165	0.794	$P<0.001$
堆内存	24.7	0.93	$P<0.001$

　　在表 6.1 中，可用内存的皮尔逊相关系数是 0.794，双侧检验 P 值小于 0.001，这意味着负载参数和可用内存之间存在着强相关，因为当相关系数大于 0.5 时，参数之间就存在着强相关。堆内存的皮尔逊相关系数是 0.93，接近 1，双侧检验 P 值小于 0.001，这意味着负载参数和堆内存之间也存在强相关关系。整体来看，负载参数与资源参数间存在强相关关系，结合直接观察的结果，我们认为使用负载参数对资源消耗参数进行拟合是可行的、合理的。在图 5.12 中，

可以看到尽管服务器接收的字节请求数在最后阶段保持在一个较低的数目,但资源消耗却在持续增加,这意味着当 Web 服务器出现老化时,无论用户的请求如何变化:增大或减小,对于系统的资源消耗的影响已不大。而造成这种现象的原因可能是:累计的错误使系统进入老化状态,之后负载无论如何变化,资源消耗由于内存泄漏等问题的影响将长期保持在较高的消耗状态。

6.2.2 敏感性分析

通过使用敏感性分析方法,可以分析每一个负载输入参数对于资源消耗目标参数的影响,帮助管理人员找到哪些负载参数对于建立模型是必需的,从而可以根据参数值的变化调节系统。

表 6.2 给出了使用可用内存的敏感性分析结果。在表 6.2 中,我们发现一个有趣的现象,通过删除参数 current ISAPI extension requests,MAE 降低,并且相关系数增大,而这可能意味着 current ISAPI extension requests 这个参数对于构建可用内存回归树来说是一个干扰项。同时我们发现删除 not found errors 这个参数后,MAE 和相关系数不发生变化,也就是说该参数对于构建可用内存回归树没有影响。而删除 usage peak、processor time、context switches 等参数后 MAE 大幅增加,同时相关系数也相应降低,这说明这些参数对于拟合可用内存有重大的影响。

表 6.2 可用内存的敏感性分析

参数	平均绝对误差	皮尔逊相关系数	P 值(双侧检验)
所有参数	51.165	0.794	$P<0.001$
usage peak	57.62	0.727	$P<0.001$
processor time	54.69	0.769	$P<0.001$
context switches	59.583	0.734	$P<0.001$
not found errors	51.165	0.794	$P<0.001$
total propfind requests	53.857	0.766	$P<0.001$
current ISAPI extension requests	50.952	0.795	$P<0.001$
bytes received	51.667	0.791	$P<0.001$

对于使用回归树构建堆内存的敏感性分析结果见表6.3。

表 6.3　　　　　　　　　　　　堆内存的敏感性分析

参数	平均绝对误差	皮尔逊相关系数	P 值（双侧检验）
所有参数	24.7	0.93	$P<0.001$
usage peak	29.928	0.884	$P<0.001$
processor time	25.284	0.928	$P<0.001$
context switches	24.277	0.931	$P<0.001$
not found errors	24.7	0.93	$P<0.001$
total propfind requests	24.646	0.931	$P<0.001$
current ISAPI extension requests	24.599	0.931	$P<0.001$
bytes received	24.833	0.93	$P<0.001$

与表6.2中的结果类似，在表6.3中，我们发现删除 not found errors 这个参数后，MAE 和相关系数不发生变化，也就是说该参数对于构建堆存回归树没有影响，或者说没有作用。同时，通过一次删除一个参数：context switches，total propfind requests，current ISAPI extension requests，MAE 降低，并且相关系数增大，这意味着以上三个参数对于构建可用内存回归树来说可能是干扰参数。而删除 usage peak、processor time 参数后 MAE 大幅增加，同时相关系数也相应降低，说明这两个参数对于构建堆内存回归树有重大的影响。

通过以上两个实验及相关的分析，我们发现尽管在第四章中通过逐步的前向选择算法和逐步的后向选择算法选择出了与老化分析相关的参数，但是其中的部分参数对于构建资源回归树不起作用或者起干扰作用，也就是说在这些参数中可能存在与老化分析不相关的参数。

6.2.3　资源消耗预测

在确定了负载参数与资源消耗参数之间存在相关性的前提下，本节将使用回归树算法对可用内存和堆内存进行预测，以便提前预知系统状态，并据此对 IIS Web 服务器进行干预，例如使用第二章中提出的多门限值时间段抗衰算法执行抗衰，减小甚至避免损失。

在可用内存预测中，我们将数据集中的数据分为了两个部分：训练集和测试集。其中训练集中的数据为前70%的数据，测试集中的数据为后30%的数据。另外，我们需要决定将哪些负载参数用于构建可用内存回归树。我们选择将在敏感性分析中选出的与可用内存密切相关的负载参数：usage peak，processor time，context switches，total propfind requests，bytes received，作为输入参数，用于拟合可用内存。

图6.4给出了训练集中的观测值和拟合值结果。

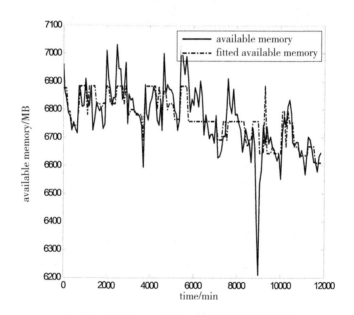

图 6.4　训练集中可用内存的观测值和拟合值

在图6.4中，我们可以看到拟合值很好地拟合了观测值，并且反映出了可用内存的趋势。为了测试模型对于未知数据的预测能力，本书使用模型预测测试集中的可用内存，结果见图6.5。

在图6.5中，在系统运行的最后阶段，回归树算法预测的可用内存值高于可用内存的观测值。

至此我们共做了四类实验，分别是包含所有参数的回归树与多层感知器人工神经网络，以及包含部分参数(敏感性分析中选出的参数)的回归树与多层感知器人工神经网络。

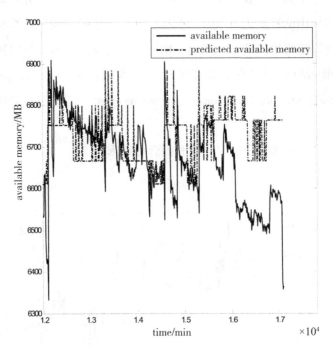

图 6.5　测试集中可用内存的观测值和拟合值

　　表 6.4 列出了回归树与多层感知器人工神经网络[182]（包含 2 个隐层，其中第 1 个隐层包含 20 个节点，第 2 个隐层包含 15 个节点）的实验对比结果。

　　在表 6.4 中，我们发现使用所有参数和使用部分参数建立回归树的 MAE 和相关系数是相同的，这正是回归树的优势所在（可以自动选择需要的参数）。使用这部分参数建立的人工神经网络的 MAE 要小于使用全部参数建立的 MAE，这也说明我们使用敏感性的结果将一些噪声数据和不相关数据从输入参数集中移除是合理的。在测试集中使用人工神经网络拟合的可用内存值与观测值的皮尔逊相关系数分别为：0.407 与 0.497，说明移除部分参数后用可用内存拟合的负载参数与可用内存观测值之间的线性相关关系得到了加强。最后，我们发现使用回归树拟合的可用内存与可用内存观测值之间存在弱的正相关性，这说明在系统运行的后期负载与可用内存呈现弱相关，也就是说可用内存的增加或者减少不再取决于负载的增加或减少，而由系统中的错误状态决定。

表 6.4 测试集中可用内存拟合的定量分析

模型	平均绝对误差	皮尔逊相关系数	P 值（双侧检验）
使用所有参数的可用内存回归树	95.908	0.116	$P<0.001$
使用部分参数的可用内存回归树	95.908	0.116	$P<0.001$
使用所有参数的可用内存多层感知器人工神经网络	102.998	0.407	$P<0.001$
使用部分参数的可用内存多层感知器人工神经网络	86.738	0.497	$P<0.001$

与可用内存建立的回归树相似，在堆内存预测中，我们将数据集中的数据分为了两个部分：训练集和测试集。其中训练集中的数据为前 70% 的数据，测试集中的数据为后 30% 的数据。此外，我们需要决定将哪些输入参数用于构建堆内存回归树，这里我们选择了将在敏感性分析中选出的那些负载参数：usage peak，processor time，bytes received，作为输入参数，用于拟合堆内存。

图 6.6 给出了训练集中的观测值和拟合值结果。

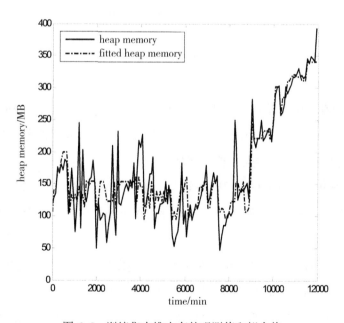

图 6.6 训练集中堆内存的观测值和拟合值

在图 6.6 中，可以看到在第 9000 分钟附近存在一个较高的堆内存使用，同时在第 9000 分钟以后，直到服务重启之前堆内存的使用始终保持在一个较高的状态。为了测试模型对于未知数据的预测能力，我们使用模型预测了测试集中堆内存的使用情况，结果见图 6.7。

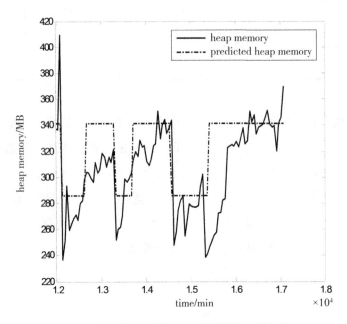

图 6.7　测试集中的堆内存的观测值和拟合值

与可用内存中的实验相似，我们共做了四类实验，分别是包含所有参数的回归树与多层感知器人工神经网络，以及包含部分参数（敏感性分析中选出的参数）的回归树与多层感知器人工神经网络。

表 6.5 给出了回归树与多层感知器人工神经网络[182]（包含 2 个隐层，其中第 1 个隐层包含 20 个节点，第 2 个隐层包含 20 个节点）在堆内存预测上的实验结果。

与表 6.4 中的结果相似，在表 6.5 中，我们发现使用所有参数和使用部分参数建立回归树的 MAE 和相关系数是相同的。使用部分参数建立的人工神经网络的 MAE 与使用全部参数建立的 MAE 相差不大，但所使用的参数减少了一半以上，在不过度减小预测精度的前提下，前者减小了构造人工神经网络的复杂度，减少了训练的时间。在测试集中使用回归树拟合的堆内存值与观测值的相关系数为 0.645，表明即使在 Web 服务器运行的最后阶段负载参数与堆内存的消耗之间也存在着较强的相关性，这是因为堆内存作为应用层参数与 Web 服务器的运行紧密相关，当负载发生变化时，堆内存也会发生相应的变化。除外，我们发现人工神经网络拟合的堆内存与堆内存的相关系数分别为-0.171 和-0.247，存在弱的负相关性，表明当负载增大时，堆内存使用减小，这是不合理的。

表6.5 **测试集中堆内存拟合的定量分析**

模型	平均绝对误差	皮尔逊相关系数	P 值（双侧检验）
使用所有参数的堆内存回归树	22.57	0.645	$P<0.001$
使用部分参数的堆内存回归树	22.57	0.645	$P<0.001$
使用所有参数的堆内存多层感知器人工神经网络	46.6	-0.171	$P<0.001$
使用部分参数的堆内存多层感知器人工神经网络	46.707	-0.247	$P<0.001$

接下来我们对预测资源消耗的回归树模型进行观察。可用内存形成的回归树，共有 34 个节点，其中叶子节点有 14 个，其余为内部节点。根节点为可用内存，第一个内部节点为 context switches，当 context switches 的值小于 18137.65 时，该子树包含的记录数占总记录数的比重为 64.049%。该子树的第二个节点为 total propfind requests。第三个节点为 usage peak。但是当 context switches 的值大于 18137.65 时，第二个节点却是 context switches 本身，第三个节点为 usage peak。我们发现对于可用内存的拟合来说，以上三个参数至关重要，位于树中的前三层。堆内存形成的回归树，共有 64 个节点，其中叶子节点有 30 个，其余为内部节点。根节点为堆内存，第一个内部节点为 usage peak，当 usage peak 的值小于 27.203 时，该子树包含的记录数占总记录数的比重为 75.194%，该子树的第二个节点为 processor time，第三个节点为 byte received 和 usage peak。但是当 usage peak 的值大于 27.203 时，第二个节点却是 usage peak 本身，第三个节点为 processor time。通过以上的分析，可以帮助管理员找到哪些负载参数与内存消耗

之间的相关性最强进而对相关参数进行调节以减小老化带来的影响。

6.3　小结

本章提出了负载参数与资源消耗参数相关性分析框架。本书首先使用皮尔逊相关系数对 IIS Web 服务器中负载参数与两类资源消耗参数之间的相关性进行了分析，以判断：负载参数和资源消耗参数是否存在相关关系。本书接下来使用敏感性分析试图发现当每一个负载参数发生变化时对模型构造的影响。本书最后使用回归树模型预测了可用内存和堆内存的使用情况，并且将其与多层感知器人工神经网络的预测结果进行了比较。从实验结果可以看到，回归树模型是一个有效的方法，在预测效果上该方法要好于多层感知器人工神经网络。

第 7 章　分类预测错误的方差分析

从目前的相关研究来看，学者往往直接采用分类预测错误对分类器进行比较，并没有采用方差对分类算法预测错误进行分析。本章提出了一个分析分类预测错误方差的框架，该框架包含三个部分。首先，根据数据采样过程和数据分割过程对预测的影响，提出一个方差分解的方法；其次，使用扩展的 Friedman 测试对数据采样过程和数据分割过程中预测错误方差的影响进行分析；再次，使用 Nemenyi 事后测试选择一个合适数据分割过程用于老化状态预测；最后，为了比较在老化预测上分类算法的性能，提出了一个修正后的 t 检验。在实验中，我们发现，当交叉验证中 k 取 10 时，分类预测错误的方差较小。

Laradji 等人[183] 在分析前向选择算法的基础上，发现特征选择算法对于分类精度有很大的影响，并且在 NASA 数据集（PC2，PC4，MC1）中，使用集成贪婪前向选择算法的随机森林算法的预测性能要好于 SVM。Wahono[184] 在选择合适的特征后，使用机器学习算法预测运行软件的状态：正常或者异常，并对不同的分类算法进行了比较。Alonso 等人[40] 使用人工负载的方式从一个 Apache 服务器中收集到了数据，并使用六个机器学习算法预测了 Web 服务器的状态：异常，警告，正常；在实验中，作者使用分类错误率比较六类机器学习算法的性能，发现随机森林的错误率为 1%。在对虚拟机的老化分析中，Gulenko 等人[185] 试图通过监督和非监督机器学习算法找到虚拟机中的异常状态。然而以上的研究却没有解决以下问题：首先，学者们局限于使用错误率、正确率对分类器进行比较，而没有对分类预测错误的方差进行分析；其次，尽管学者们在实验中对算法的性能进行了分析，但就数据采样过程和数据分割过程对预测结果的影响并没有做分析；最后，对于分类器的性能比较往往采用直接比较的方式，如直接比较错误率。

为解决以上的问题，本章提出了一个分析分类预测错误方差的框架。首先，为了分析数据采集过程和数据分割过程对实验结果的影响，本章提出一个方差分解的方法；其次，本章使用扩展的 Friedman 和 Nemenyi 事后测试方法（简称 EFNP）从定量角度分析数据采集过程和数据分割过程对老化分类预测的影响；最后本章提出一个修正的 t 检验方法用于比较两类学习算法的性能。以上过程如图 7.1 所示。

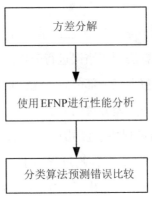

图 7.1　方差分析流程

7.1　方差分析步骤

给定一个数据集 $S_n = \{(x^{(1)}, y^{(1)}), \cdots, (x^{(n)}, y^{(n)})\}$，$x^{(i)} = (x_1^{(i)}, \cdots, x_c^{(i)})$，$X = \{x^{(1)}, \cdots, x^{(n)}\}$，$y^{(i)} \in \{0, \cdots, l\}$，$Y = \{0, \cdots, l\}$，则使用分类算法预测软件老化的分类器可以表示为：

$$\phi = A(S_n) \qquad (7.1)$$

式(7.1)中 ϕ 表示分类器，A 表示一个分类学习算法。

对于一个运行的软件系统，可以将其状态表示为：正常状态和老化状态，因此 l 的值设为 1。对于一个分类算法来说，其目标是尽可能根据输入变量的值准确预测出目标变量的值。分类预测错误（0/1 损失）是对于没有标记的输入变量的误分类概率：

$$\delta(\phi) = p(\phi(X) \neq Y) = \mathrm{E}[1 - p(\phi(x^{(i)}) \mid x^{(i)})] \qquad (7.2)$$

对于某一个数据集来说，贝叶斯分类器[186]给出了预测错误的下限，其分类器 ϕ_b 为：

$$\phi_b(x^{(i)}) = \underset{l}{\arg\max}\, p(l \mid x^{(i)}) = \underset{l}{\arg\max}\, p(x^{(i)} \mid l)p(l) \tag{7.3}$$

因此，贝叶斯分类器的分类预测错误为：

$$\delta(\phi_b) = p(\phi_b(X) \neq Y) = E[1 - p(\phi_b(x^{(i)}) \mid x^{(i)})]$$
$$= \sum_{x^{(i)}} (1 - p(\phi_b(x^{(i)}) \mid x^{(i)}))p(x^{(i)}) \tag{7.4}$$

可以看到，贝叶斯分类器的分类错误依赖于数据集中输出变量的概率分布。然而往往由于我们并不了解数据集中数据分布的真实状况，因此无法计算预测错误率。令 δ 表示任意一个分类器 ϕ 的真实分类错误，$\hat{\delta}$ 表示使用每一个分类预测算法的分类错误，则分类错误的偏差可以表示为：$\delta - E[\hat{\delta}]$，相应的方差为：$E[(\hat{\delta} - E[\hat{\delta}])^2]$。

为了得到一个分类器，需要使用收集的数据对分类算法进行训练。数据的分割方法，即训练集和测试集的划分方法，可以分为以下几类：resubstitution，[187]hold out，[188]k 折交叉验证，[189] 以及 bootstrap，[190] 本章使用 k 折交叉验证。同时，k 折交叉验证也是目前被广泛采用的一类方法。在 k 折交叉验证中，数据集 S_n 被随机分成互不相容的 k 个部分 $P = \{P_1, \cdots, P_k\}$，每一个部分的数据大小都是相同的。假定 T_i 是 P_i 的互斥集合，则在 k 折交叉验证中，$k-1$ 个数据集将被用来训练学习算法，另外 1 个互斥的数据集将被用于计算分类器的预测错误。对于 k 折交叉验证来说，其训练过程可以表示为：$\phi_i = A(T_i)$，预测错误可以表示为：

$$\hat{\delta}(S_n, P) = \frac{1}{k}\sum_{i=1}^{k}\hat{\delta}(S_n, p_i) = \frac{1}{n}\sum_{i=1}^{k}\sum_{(x, l)\in P_i} l(l, \phi_i(x)) \tag{7.5}$$

式 (7.5) 中当 $l = \phi_i(x)$ 时，$1(l, \phi_i(x)) = 1$；否则为 0。预测错误 $\hat{\delta}$ 由三个因素决定：分类学习算法，数据集的划分，以及 k 值的选择。如果给定学习算法和数据集的划分，那么预测错误将由 k 折交叉验证中的 k 值决定。在本章中，k[191]的取值为 2、5、10。

7.1.1 方差分解

给定一个数据集 S_n 和数据分割方法 P，则分类预测错误 $\hat{\delta}$ 的方差可以表示为：

$$\text{Var}_{S_n, P}[\hat{\delta}] = \text{E}_{S_n, P}[\hat{\delta}^2] - \text{E}_{S_n, P}[\hat{\delta}]^2 \tag{7.6}$$

假定 S_n 和 P 是相互独立的，则式(7.6) 可以重新改写为：

$$\text{Var}_{S_n, P}[\hat{\delta}] = \text{E}_{S_n, P}[\hat{\delta}^2] - \text{E}_{S_n, P}[\hat{\delta}]^2 + (\text{E}_{S_n}[\text{E}_P[\hat{\delta}]^2] - \text{E}_{S_n}[\text{E}_P[\hat{\delta}]^2])$$

$$= (\text{E}_{S_n, P}[\hat{\delta}^2] - \text{E}_{S_n}[\text{E}_P[\hat{\delta}]^2]) + (\text{E}_{S_n}[\text{E}_P[\hat{\delta}]^2] - \text{E}_{S_n, P}[\hat{\delta}]^2)$$

$$= (\text{E}_{S_n}[\text{E}_P[\hat{\delta}^2]] - \text{E}_{S_n}[\text{E}_P[\hat{\delta}]^2]) + (\text{E}_P[\text{E}_{S_n}[\hat{\delta}]^2] - \text{E}_P[\text{E}_{S_n}[\hat{\delta}]]^2)$$

$$= \text{E}_{S_n}([\text{E}_P[\hat{\delta}^2]] - [\text{E}_P[\hat{\delta}]^2]) + (\text{E}_P[\text{E}_{S_n}[\hat{\delta}]^2] - \text{E}_P[\text{E}_{S_n}[\hat{\delta}]]^2)$$

$$= \text{E}_{S_n}[\text{Var}_P[\hat{\delta}]] + \text{Var}_P[\text{E}_{S_n}[\hat{\delta}]] \tag{7.7}$$

重复上一个过程，$\hat{\delta}$ 的方差还可以表示为：

$$\text{Var}_{S_n, P}[\hat{\delta}] = \text{E}_P[\text{Var}_{S_n}[\hat{\delta}]] + \text{Var}_{S_n}[\text{E}_P[\hat{\delta}]] \tag{7.8}$$

因此 $\hat{\delta}$ 的方差可以表示为：

$$\text{Var}_{S_n, P}[\hat{\delta}] = \frac{1}{2}(\text{E}_{S_n}[\text{Var}_P[\hat{\delta}]] + \text{Var}_P[\text{E}_{S_n}[\hat{\delta}]])$$

$$+ \frac{1}{2}(\text{E}_P[\text{Var}_{S_n}[\hat{\delta}]] + \text{Var}_{S_n}[\text{E}_P[\hat{\delta}]])$$

$$= \frac{1}{2}(\text{E}_{S_n}[\text{Var}_P[\hat{\delta}]] + \text{Var}_{S_n}[\text{E}_P[\hat{\delta}]]) + \frac{1}{2}(\text{E}_P[\text{Var}_{S_n}[\hat{\delta}]] + \text{Var}_P[\text{E}_{S_n}[\hat{\delta}]]) \tag{7.9}$$

在式(7.9) 中，考虑到数据采样过程 S_n 和数据分割 P 的影响，$\hat{\delta}$ 的方差被分解为两个部分。第一项为 $\hat{\delta}$ 的方差对于 P(数据分割过程) 选择的敏感性，简记为 SP，第二项为 $\hat{\delta}$ 的方差对于 S_n(数据采样过程) 选择的敏感性，简记为 SS。上述方差的分解过程可表示为图 7.2。

7.1.2　扩展的 Friedman 和 Nemenyi 测试

本节使用 Friedman 测试分析数据采样过程对于数据分割过程中预测错误方差的影响，并使用 Nemenyi 事后测试[192] 选择一个合适的数据分割过程对老化进行预测。Friedman 测试作为一个非参数的测试方法常被用于比较多个数据集中多

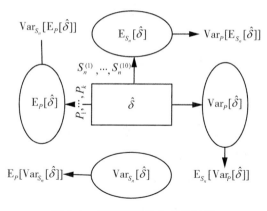

图 7.2   预测错误的方差分解图

个算法的性能，本章使用该方法评价数据采样过程对数据分割过程中预测错误方差的影响。Iman 等人[193] 指出 Friedman 测试本身过于保守，提出了一个修正的 Friedman 测试方法：

$$F_I = \frac{(N-1)\mathcal{X}_F^2}{N(K-1) - \mathcal{X}_F^2} \tag{7.10}$$

式(7.10) 中，$\mathcal{X}_F^2$ 表示 Friedman 测试，$\mathcal{X}_F^2$ 为：

$$\mathcal{X}_F^2 = \frac{12N}{K(K+1)}\left(\sum_{i=1}^{K} \bar{r}_i^2 - \frac{K(K+1)^2}{4}\right) \tag{7.11}$$

式(7.11) 中，N 表示数据采样过程中，产生的数据集的个数。K 表示 k 折交叉验证中 k 的取值。$\bar{r}_i$ 等于 $\frac{1}{K}\sum_{j=1}^{N} r_i^j$，该式中 r_i^j 等于在第 j 个数据集中，第 i 个数据分割过程的排序。一旦 Friedman 测试或修正的 Friedman 测试的零假设被拒绝，则表示数据采样过程对于数据分割过程中预测错误方差的影响是不同的。下一步，使用 Nemenyi 事后测试选择合适的数据分割用于老化状态预测。在 Nemenyi 事后测试中，我们需要计算 Nemenyi 检验的临界值域 CD，如果两个被比较的分割过程的平均序值 $\bar{r}_i$ 之差大于 CD，则需要拒绝两个分割过程对于老化状态预测影响相同的假设，同时这也表明具有较小 $\bar{r}_i$ 值的分割过程更适用于老化状态预测。

临界值域 CD 可以表示为：

$$CD = q_\alpha \sqrt{\frac{K(K+1)}{6N}} \tag{7.12}$$

式 (7.12) 中，q_α 是一个满足 Tukey 分布的临界值。

7.1.3　修正的 t 检验

为了比较在给定数据采样和数据分割情形下(即给定采样比例和 K 值)学习器的性能，本书采用 t 检验方法。

K 折交叉验证的 t 检验可以表示为：

$$t = \frac{\bar{S}}{\sqrt{\left(\frac{1}{K}\right) \cdot \sum_{i=1}^{k} \frac{(S^{(i)} - \bar{S})^2}{K-1}}} \sim t_{K-1} \tag{7.13}$$

式 (7.13) 中，$S^{(i)}$ 为两个学习器在第 i 折的预测错误的方差之差，$\bar{S}$ 是 $S^{(i)}$ 的平均值。对于 t 检验来说，需要设置一个显著度 α，如果所计算 t 值大于 α 所对应的 t 值，则需要拒绝零假设，并且说明具有较小方差的学习器有较好的性能。然而上述关于 k 折 t 检验的定义没有考虑到训练集和测试集中数据的划分对结果的影响，同时也没有考虑到数据采样过程中迭代次数对结果的影响。考虑到训练集和测试集以及迭代过程的影响，我们提出了一个修正的 t 检验方法：

$$t = \frac{\bar{S}}{\sqrt{\left(\frac{1}{J \cdot K} + \frac{N_{ts}}{N_{tr}}\right) \cdot \sum_{j=1}^{J} \sum_{i=1}^{K} \frac{(S^{(i,j)} - \bar{S})^2}{J \cdot K - 1}}} \sim t_{K \cdot J - 1} \tag{7.14}$$

式 (7.14) 中，$\bar{S} = \frac{1}{K \cdot J} \sum_{j=1}^{J} \sum_{i=1}^{K} S^{(i,j)}$。

$S^{(i,j)} = a^{(i,j)} - b^{(i,j)}$，$a^{(i,j)}$ 和 $b^{(i,j)}$ 是在 k 折交叉检验中第 j 次迭代中第 i 折的预测错误方差，J 是迭代次数，N_{ts} 和 N_{tr} 表示在测试集和训练集中数据的数目。

7.2　实验验证

本章中的实验环境与第四章中的实验环境相同。为了分析分类预测错误的方差，首先我们需要对数据进行采样。在本章中，采样比例被设置为 1%，5%，10%，25%，50%，以及 70%。其次对于每个采样比例我们重复 10 次采样。最后我们执行数据分割过程：k 折交叉验证中 k 的取值为 2，5，10。此过程如图 7.3 所示。

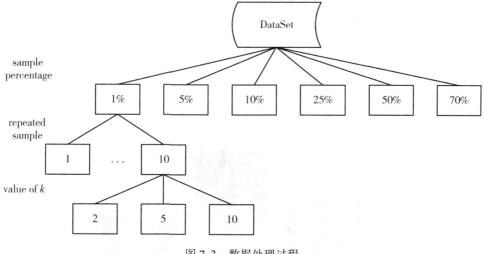

图 7.3 数据处理过程

实验分为三个部分。第一部分是对方差按照所提出的方差分解方法进行分解：首先计算 S_n 和 P 的方差和期望，然后计算上述方差和期望的相应方差和期望，最后按照公式(7.9)计算分类预测错误的方差。第二部分分析数据采样过程和数据分割过程对软件老化预测的影响。第三部分使用本书提出的修正 t 检验方法对两个分类算法的性能进行比较。

7.2.1 预测错误的方差分解

图 7.4 和图 7.5 给出了 C4.5 和 ANN 的方差分解结果。黑色部分表示数据分割过程，即 k 折交叉验证，对分类预测错误的方差的影响，白色部分表示数据采样过程对分类预测错误的方差的影响。黑色部分和白色部分之和表示整个分类预测错误的方差。

在图 7.4 中，SP 的值与 SS 的值几乎相同，即两类影响因素对于预测错误的方差的影响是相同的。然而在同一数据采样过程中(横向上)，k 取不同值时预测错误的方差存在很大的差异。在图 7.4(b) 中，$k=5$ 时的方差是 $k=10$ 时的方差的 17 倍；在图 7.4(c) 中，$k=2$ 时的方差是 $k=10$ 时的方差的 8 倍；在图 7.4(f)中，$k=2$ 时的方差是 $k=10$ 时的方差的 10 倍。从不同的数据采样过程来看，随着采样数据的增加，预测错误的方差在减小，例如在图 7.4(f)中方差的量级比图

7.4(a) 和图 7.4(b) 中小两倍。

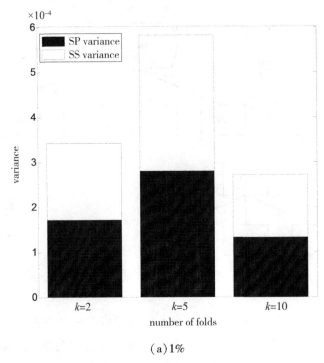

（a）1%

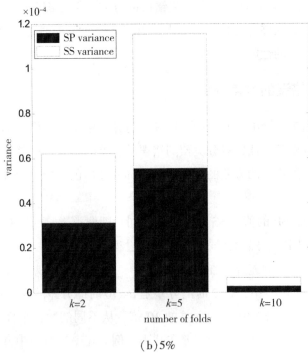

（b）5%

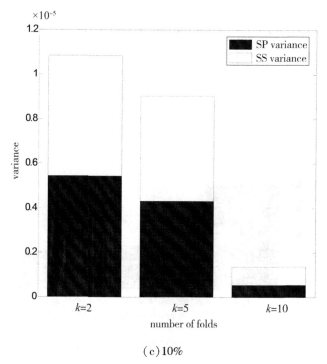

（c）10%

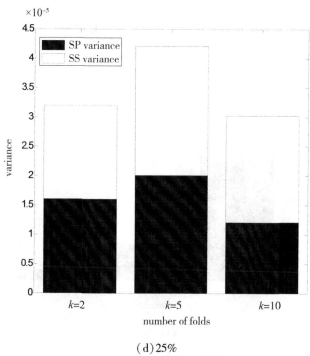

（d）25%

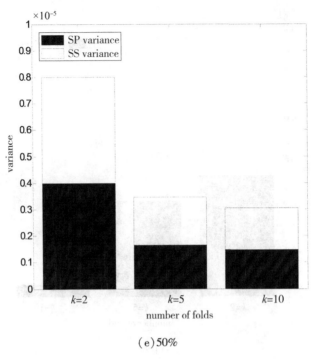

（e）50%

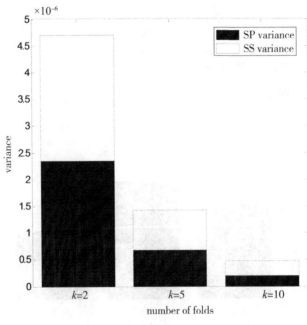

（f）70%

图 7.4　C4.5 的方差分解

在图 7.5 中，与图 7.4 类似，SP 的值与 SS 的值差别很小。同时与 C4.5 中的结果类似，即在同一个数据采样过程中，不同 k 值下的方差之间存在较大的差异，在图 7.5（a）中，$k=5$ 时的方差是 $k=10$ 时的方差的 17 倍；在图 7.5（b）中，

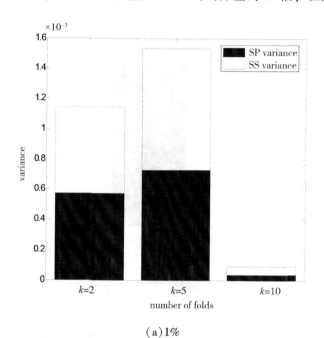

（a）1%

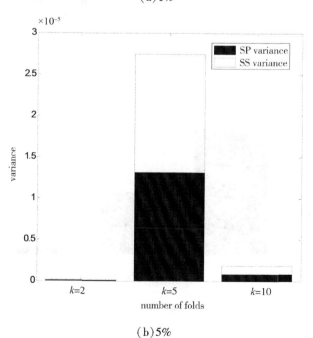

（b）5%

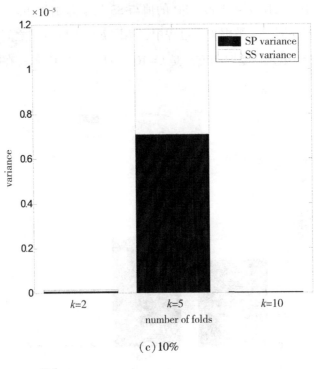

（c）10%

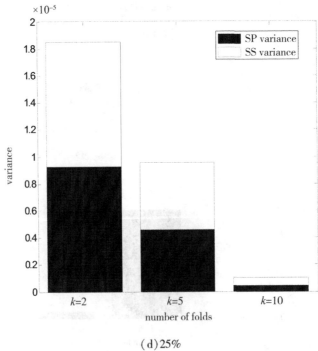

（d）25%

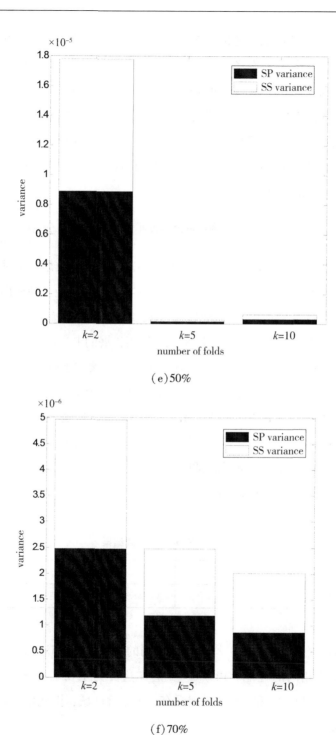

（e）50%

（f）70%

图 7.5　ANN 的方差分解

$k=5$ 时的方差是 $k=2$ 时的方差的 217 倍；在图 7.5（c）中，$k=5$ 时的方差是 $k=$ 10 时的方差的 967 倍。但在图 7.5（f）中，$k=2$，5，以及 10 时的方差之间存在很小的差异。通过比较不同采样过程中的方差，我们发现图 7.5（a）中的方差在所有方差中最大。然而，当 $k=10$ 时，其方差较 k 取其他值时要小。

通过以上的方差分解实验，我们发现无论是在 C4.5 还是在 ANN 中，$k=10$ 时的 k 折交叉验证在不同的数据采样过程中具有较小的方差，其预测性能要好于 k 取其他值时的预测性能。

7.2.2　基于扩展 Friedman 和 Nemenyi 测试的方差分析

本书使用扩展的 Friedman 测试判别不同的采样过程对数据分割过程中的分类预测的影响是否相同。如果 Friedman 测试中的零假设被拒绝，则使用 Nemenyi 事后测试分析当数据分割过程中 k 取何值时，分类预测的方差较小，即预测结果较好。对于 C4.5 和 ANN 两个分类算法来说，使用扩展的 Friedman 测试计算时，值分别为 15 和 2.5。当显著性水平 α 取值为 0.05，扩展的 Friedman 测试的临界值为 4.103。在 C4.5 中，由于扩展的 Friedman 的值为 15，大于 4.103，因此需要拒绝零假设，并执行 Nemenyi 事后测试。在 ANN 中，扩展 Friedman 的值取值小于 4.103，因此可以认为每一个数据采样过程对于数据分割过程中的分类预测的贡献是相同的。在 Nemenyi 事后测试中，q_α 为 2.344；CD 为 1.353。表 7.1 给出了 C4.5 的 Nemenyi 事后测试结果。

表 7.1　　　　　　　　　　　　　**C4.5 的 Nemenyi 测试结果**

	$k=2$	$k=5$	$k=10$
平均序值	2.5	2.5	1

对于 $k=2$ 和 $k=5$ 来说，平均序值是相同的，因此可以认为两者在对老化状态的预测上具有相同的性能。由于 $k=2$ 的左边界为 1.824，$k=10$ 的右边界为 1.677，因此 $k=2(k=5)$ 和 $k=10$ 之间没有一个重叠区域，由此可以认为 $k=10$ 时的预测性能要好于 $k=2$ 时。

7.2.3 基于修正 t 检验的分类算法性能比较

在使用本书提出的 t 检验进行计算之前，需要先确定显著性水平 α 的值以及自由度。在本节中，α 的值设为 0.05（双侧）；当 $k=2$ 时，自由度为 19；当 $k=5$ 时，自由度为 49；当 $k=10$ 时，自由度为 99；修正后的 t 检验可以表示为：$\frac{t_\alpha}{2}$，$K \cdot J - 1$。表 7.2 给出了使用修正后的 t 检验的两个分类算法的计算结果。

表 7.2   **C4.5 和 ANN 的 t 检验结果**

	1%	5%	10%	25%	50%	70%
$k=2$	0.932	0.975	1.031	1.571	0.025	2.493
$k=5$	0.795	1.58	0.82	1.705	3.017	2.983
$k=10$	2.332	4.979	3.232	0.797	1.922	3.279

对于 $k=2$，$k=5$ 和 $k=10$，临界值分别为：2.093，2.01 和 1.984。在 $k=2$ 中，除了 70% 的数据采样过程外，所有修正后的 t 检验值均小于临界值，因此零假设不能被拒绝，C4.5 和 ANN 对于 Web 服务器的分类预测性能相当。在 $k=2$ 的 70% 的数据采样过程中，需要拒绝零假设，由于 C4.5 的方差小于 ANN 的方差，因此 C4.5 的预测性能要好于 ANN。在 $k=5$ 中，只有 50% 和 70% 的数据采样过程的 t 检验值大于临界值。对于 50% 的数据采样过程来说，ANN 的预测性能要好于 C4.5，因为 ANN 的方差小于 C4.5 的方差。与之相反的是，在 70% 的采样过程中 C4.5 的预测性能要好于 ANN。在 $k=10$ 中，1%，5%，10% 和 70% 的采样过程的 t 值都要大于临界值 1.984，因此在这些数据采样过程中，零假设被拒绝。在 $k=10$ 中，1% 和 70% 的数据采样过程中的 C4.5 的预测性能要好于 ANN；在 5% 和 10% 的数据采样过程中，ANN 的预测性能要好于 C4.5。从整体上看，C4.5 和 ANN 在 $k=2$ 和 $k=5$ 时有相似的预测性能（70% 的采样过程除外）。在 70% 的数据采样过程下，C4.5 的分类预测性能要好于 ANN 的分类预测性能。

7.3　小结

本章中，我们提出了一个针对分类预测错误的方差分析框架，该框架包含三个部分。在实验中，我们发现在同一数据采样和数据分割过程中，两类过程对于方差的影响基本相当；但在同一数据采样过程中，不同的数据分割过程之间方差的差异很大；当 k 取 10 时，方差较小，预测性能要优于 k 取 2 和 k 取 5 时。

第8章　时间序列数据的方差分析

软件抗衰策略可以分为两种：基于时间的策略和基于预测的策略。基于时间的策略通过指定一些有关软件系统的假设，例如故障分布，并根据这些假设计算出固定的时间间隔来执行软件更新操作。但是，由于不了解实际的软件系统状态，因此使用基于时间的策略进行软件抗衰可能会带来一些负面结果。如果抗衰时间间隔小于抗衰需执行的时间间隔值，则系统将在执行软件抗衰之前进入老化状态；相反，如果系统在性能下降出现后才执行抗衰操作，则会导致额外损失。在基于预测的方法中，当系统进入老化状态时系统将连续捕获正在运行的软件系统的指标，以触发抗衰的执行。为了能够尽早处理软件老化问题，许多研究人员使用时间序列或机器学习通过拟合资源消耗变量来预测软件系统状态，并且使用一些评价标准(例如平均绝对误差)来评估预测算法的性能。然而，方差分析作为一个选择合适算法的重要工具却未被用于资源消耗预测算法的性能评价中。本章使用了一个由三部分组成的框架来分析资源消耗预测的方差。首先，本书基于一种新颖的方差分解方法从两个方面分析资源消耗预测的方差：数据采样过程和数据分区过程。我们仍然使用 k 折交叉验证作为数据划分的方式，将数据集分为训练数据集和测试数据集。其次，本书假定数据采样过程对于方差没有影响，当增强型弗里德曼的假设(EFNP)被拒绝时，数据采样过程对方差的影响可通过Nemenyi 进行检验。最后，本书基于一种新颖的 t 检验来比较两种算法 ANN 和ARIMA 的性能。本章将 ANN 和 ARIMA 作为资源消耗预测的主要算法，这两种方法被广泛应用于线性和非线性预测领域。

8.1　方差分解方法

在资源消耗序列的预测问题中，给定一个数据集和学习器 f，用于预测的回

归方法可表示为：$S_n = \{(x^{(1)}, t^{(1)}), \cdots, (x^{(i)}, t^{(i)}), \cdots, (x^{(n)}, t^{(n)})\}$，其中 $x^{(i)} = (x_1^{(i)}, \cdots, x_c^{(i)})$，$X = \{x^{(1)}, \cdots, x^{(n)}\}$，$t^{(i)} \in \{0, \cdots, n\}$，$T = \{0, \cdots, l\}$。假定 y 是观测值，$\hat{y}$ 是预测值，则损失函数可以表示为：$L(y, \hat{y})$。常用的损失函数包括绝对损失函数 $L(y, \hat{y}) = |y - \hat{y}|$，平方损失函数 $L(y, \hat{y}) = (y - \hat{y})^2$，以及 0/1 损失函数。本章将使用绝对损失函数作为损失的评价指标。

回归学习算法的目标是使学习器的损失尽可能小，即训练学习器以使平均损失尽可能小。由于可以使用不同的训练数据集对同一学习器进行不同的训练，因此损失函数值的大小依赖于对训练数据集的选择，通过执行平均过程可以消除这种依赖性。为了获得最佳学习器，一个学习器的预测值应接近观测值。学习器的预测过程产生的预测值通常是示例 x 的不确定性函数，因此最佳预测值 $\hat{y}_*$ 将是最小化的预测值 $E[L(y, \hat{y}_*)]$，期望表示已考虑到输出变量的所有可能值。然而，由于数据集的分布是未知的，因此无法获得最佳预测值或真实预测值。在实践中，如果学习器训练次数过多，可能会遇到过拟合问题；相反，可能会出现欠拟合问题。因此，需要使用方差分析的方法来评估预测损失。为了分析学习算法带来的损失问题，本书给出如下定义。

定义 1　最优化预测结果可以表示为：$y_{S_n} = \mathrm{argmin} E_{S_n}[L(y, \hat{y})]$，其中 S_n 表示一个数据集。

定义 2　一个样本 x 的偏差可以被定义为 $\mathrm{bias}(x) = L(\hat{y}_*, y_{S_n})$，其中 $\hat{y}_*$ 是 $\hat{y}$ 的期望。

定义 3　在一个数据集中学习器的方差可以被定义为 $\mathrm{Var}_{S_n} = E_{S_n}[(L(y, \hat{y}) - E[L(y, \hat{y})])^2]$

如果 y_{S_n} 可以被视为数据集中学习器的中心值（取决于损失函数），则偏差可表示为由学习过程引起的损失，方差可表示为中心值附近的波动大小。由于很难获得最佳值，因此我们常使用方差来评估预测效果。

设 δ 为最佳损失，$\hat{\delta}$ 为特定学习器的预测估计损失，偏差可被重新定义为 $\delta - E[\hat{\delta}]$，方差为 $E[(\hat{\delta} - E[\hat{\delta}])^2]$。

为了在数据集中训练出学习器，需要将收集的数据划分为不同的部分。本章使用 k 折交叉验证作为数据集划分方式。在 k 折交叉验证中，数据集 S_n 被随机划分为 k 个大小相同且互斥的部分 $P = \{P_1, \cdots, P_k\}$。令 T_i 为 P_i 的互斥集，我们将

除 P_i 之外的整个数据集用于训练学习器，将 P_i 用于评估预测效果。k 折交叉验证的预测损失是通过平均 k 个训练集误差得出的，可以将其定义为：

$$\hat{\delta}(S_n, P) = \frac{1}{k}\sum_{i=1}^{k}\hat{\delta}(S_n, P_i) = \frac{1}{n}\sum_{i=1}^{k}\sum_{P_i} L(y, \hat{y}) \qquad (8.1)$$

在式 (8.1) 中，可以看到预测的估计误差损失受三个因素的影响：学习算法，数据集的大小和数据集的划分。如果三个影响因素中的两个已确定，则损失的大小也能得到确定。

给定数据集 S_n 和数据分区方法 P，预测损失的方差 $\hat{\delta}$ 可以被表示为：

$$\text{Var}_{S_n, P}[\hat{\delta}] = E_{S_n, P}[\hat{\delta}^2] - E_{S_n, P}[\hat{\delta}]^2 \qquad (8.2)$$

假定 S_n 和 P 是独立的，则上式可以改写为：

$$\text{Var}_{S_n, P}[\hat{\delta}] = E_{S_n, P}[\hat{\delta}^2] - E_{S_n, P}[\hat{\delta}]^2 + (E_{S_n}[E_P[\hat{\delta}]^2] - E_{S_n}[E_P[\hat{\delta}]^2])$$

$$= (E_{S_n}[E_P[\hat{\delta}^2]] - E_{S_n}[E_P[\hat{\delta}]^2]) + (E_P[E_{S_n}[\hat{\delta}]^2] - E_P[E_{S_n}[\hat{\delta}]]^2)$$

$$= E_{S_n}[\text{Var}_P[\hat{\delta}]] + \text{Var}_P[E_{S_n}[\hat{\delta}]]$$

$$\qquad (8.3)$$

与之前的步骤类似，$\hat{\delta}$ 的方差可以表示为：

$$\text{Var}_{S_n, P}[\hat{\delta}] = E_P[\text{Var}_{S_n}[\hat{\delta}]] + \text{Var}_{S_n}[E_P[\hat{\delta}]] \qquad (8.4)$$

将式 (8.3) 和式 (8.4) 进行合并，则 $\hat{\delta}$ 的方差可以被重写为：

$$\text{Var}_{S_n, P}[\hat{\delta}] = \frac{1}{2}(E_{S_n}[\text{Var}_P[\hat{\delta}]] + \text{Var}_P[E_{S_n}[\hat{\delta}]])$$

$$+ \frac{1}{2}(E_P[\text{Var}_{S_n}[\hat{\delta}]] + \text{Var}_{S_n}[E_P[\hat{\delta}]])$$

$$= \frac{1}{2}(E_{S_n}[\text{Var}_P[\hat{\delta}]] + \text{Var}_{S_n}[E_P[\hat{\delta}]]) \qquad (8.5)$$

$$+ \frac{1}{2}(E_P[\text{Var}_{S_n}[\hat{\delta}]] + \text{Var}_P[E_{S_n}[\hat{\delta}]])$$

预测损失 $\hat{\delta}$ 的方差受两个因素影响：数据集 S_n 的选择和数据的划分方式 P。式 (8.5) 中第一项称为考虑 P 的 $\hat{\delta}$ 敏感性（简称 SP）。最后一项称为考虑 S_n 的 $\hat{\delta}$ 敏感性（简称 SS）。在本章中，ARIMA 和人工神经网络被作为回归学习算法。

在对预测损失的方差进行分解后，通过增强的 Friedman 检验和 Nemenyi

post-hoc 检验，可以分析数据采样过程对不同 k 值下预测损失的方差的影响。由于 Friedman 检验过于保守，Iman 等人提出了一个修正的 Friedman 检验方法：

$$F_I = \frac{(N-1)\chi_F^2}{N(K-1) - \chi_F^2} \tag{8.6}$$

χ_F^2 表示 Friedman 检验方法：

$$\chi_F^2 = \frac{12N}{K(K+1)}\left(\sum_{i=1}^{K} \bar{r}_i^2 - \frac{K(K+1)^2}{4}\right) \tag{8.7}$$

其中 N 是采样过程中所使用的数据集的大小，K 是数据划分的个数，在本章中 K 为 2、5 和 10。$\bar{r}_i$ 等于 $\frac{1}{K}\sum_{j=1}^{N} r_i^j$，其中 r_i^j 是第 j 个采样数据集中的第 i 个数据划分的等级。一旦增强的弗里德曼检验或弗里德曼检验的原假设被拒绝，则使用 Nemenyi 事后检验。我们需要先计算出临界值（CD），如果两个比较数据分割过程的平均序数值之差超过 CD，则可以拒绝两个比较过程对方差变化具有相同影响的假设。平均序号较小的数据分割过程其性能更好。CD 可以被定义为：

$$CD = q_\alpha \sqrt{\frac{K(K+1)}{6N}} \tag{8.8}$$

其中 q_α 表示 Tukey 分布的临界值。

修正的 t 检验方法可被用于比较两个学习算法的性能，本书使用 ARIMA 和 ANN。一个 k 折交叉验证中的 t 检验方法可被定义为：

$$t = \frac{\bar{S}}{\sqrt{\left(\frac{1}{K}\right) \cdot \sum_{i=1}^{k} \frac{(S-\bar{S})^2}{K-1}}} \sim t_{K-1} \tag{8.9}$$

其中 K 是交叉验证的折数，S 是两个学习器的预测误差之差，$\bar{S}$ 是 S 的 k 折平均值。如果 t 检验的值大于指定值，则需要拒绝原假设，表明方差较小的学习算法具有较好的表现。然而这种 t 检验的定义并不适用于我们的工作，因为它既没有考虑训练数据集和测试数据集比率的影响，也没有考虑采样过程的影响。在本章中，我们对 t 检验进行了修正，使其更适合进行比较。修正的 t 检验方法可表示为：

$$t = \frac{\overline{S}}{\sqrt{\left(\dfrac{1}{J \cdot K} + \dfrac{N_{ts}}{N_{tr}}\right) \cdot \sum_{j=1}^{J} \sum_{i=1}^{K} \dfrac{(S^{(i,j)} - \overline{S})^2}{J \cdot K - 1}}} \sim t_{K \cdot J - 1} \tag{8.10}$$

式 (8.10) 中，$\overline{S} = \dfrac{1}{K \cdot J} \sum_{j=1}^{J} \sum_{i=1}^{K} S^{(i,j)}$，$S^{(i,j)} = a^{(i,j)} - b^{(i,j)}$，$a^{(i,j)}$ 和 $b^{(i,j)}$ 是在 k 折交叉检验中第 j 次迭代中第 i 折的预测错误方差，J 是迭代次数，N_{ts} 和 N_{tr} 表示在测试集和训练集中数据的数目。

8.2 实验

为了分析商业运行中的 Web 服务器的软件老化问题，我们在 IIS Web 服务器中收集了各类性能和资源消耗数据。该 Web 服务器由 Internet Information Services 6.0 和 SQL Server 2005 组成。该 Web 服务器上正在运行的应用程序包括许多医院站点、健康和医疗部门站点以及其他与医疗服务相关的系统，例如网上挂号系统。本书使用的数据收集工具是一个内置的 Windows 数据收集工具，可以用来获取各类数据，包括操作系统变量和应用程序变量，例如 Web 服务变量、数据库变量和网络接口变量。数据收集时间为 2012 年 9 月 20 日至 2013 年 3 月 5 日。整个变量的数量为 101 个，以一分钟为时间间隔进行收集。由于软件老化问题是资源消耗耗尽引起的，因此在本章中，我们使用两个变量(操作系统级别变量和 Web 应用程序级别变量)分别对 IIS 中的可用内存和堆内存进行分析。本书使用的 k 折为 10 折，5 折和 2 折。

在选择完两个变量之后，下一步是设置采样率。在本章中，采样率设置为总数据集的 1%，5%，10%，25%，50% 和 70%。并且我们在每个采样百分比中重复采样 10 次。之后我们将 k 折交叉验证中的 k 值设置为 2、5 和 10。

本章实验包括三个部分。在第一部分中，完成方差分解。首先，分别针对 S_n 和 P 计算方差和期望；然后，将上述方差和期望值分别用于计算新的方差和期望值；最后，计算总方差。在第二部分中，使用改进的 Friedman 加 Nemenyi 检验来评估不同 k 值对方差的影响。在第三部分中，对两类回归算法的性能采用校正 t 检验进行评估。

8.2.1　可用内存的方差分析

1. 可用内存的方差分解分析

将所提出的方法用于 ARIMA 和 ANN 的可用内存方差分解方法的结果见图 8.1 和图 8.2。黑色部分是由 k 折交叉验证的数据划分变化引起的方差变化，白色部分是通过不同百分比对数据集进行采样而导致的数据集变化所引起的方差变化，总的方差是黑色部分加上白色部分。

在图 8.1 中，我们看到预测损失的 SP 与 SS 几乎相同。但是，对于不同的 k 值，方差在每个不同的采样数据集中存在很大的差异。在图 8.1(a)中，$k=5$ 时的总方差是 $k=10$ 时的总方差的 258 倍。在图 8.1(c)中，尽管 $k=2$、5、10 时方差都很小，但 $k=2$ 时的总方差是 $k=10$ 时的总方差的 2178 倍。在图 8.1(e)中，$k=2$ 时的总方差与 $k=10$ 时的总方差几乎相同。在图 8.1(f)中，$k=2$ 时的总方差为 574，$k=10$ 时的总方差更大。除外，尽管 $k=5$ 时的方差在 1% 的采样过程中输出最差，但其预测性能中等。

根据本书提出的方差分解方法，我们可以看到 SP 方差与 SS 方差几乎没有差异。但是，在图 8.2 中，不同 k 值下的总方差差异很大。在图 8.2(a)中，$k=2$ 时的总方差是 $k=10$ 时的总方差的 116 倍。在图 8.2(b)中，$k=5$ 时的总方差是 $k=2$ 时的总方差的 217 倍。在图 8.2(c)和图 8.2(d)中，$k=5$ 时的总方差结果最差。但是，在图 8.2(e)中 $k=5$ 时和 $k=10$ 时的总方差几乎相同，并且 $k=2$ 时结果更好。与总方差的不同采样过程相比，当数据采样过程中的数据量增加时，图 8.2(a)中的总方差具有下降的趋势。

通过分析每个采样过程的不同 k 值下的 ARIMA 和 ANN 的方差，我们发现无论是 ARIMA 还是 ANN，$k=10$ 时的预测性能整体上较好。ARIMA 和 ANN 都拥有一个趋势，即随着数据集数量增加，总方差将减小。

2. 一个数据集中的不同 k 值的方差分析

在本节中，我们使用增强的 Friedman 检验和 Nemenyi 事后检验来分析一个数据集中不同 k 值下的方差变化。

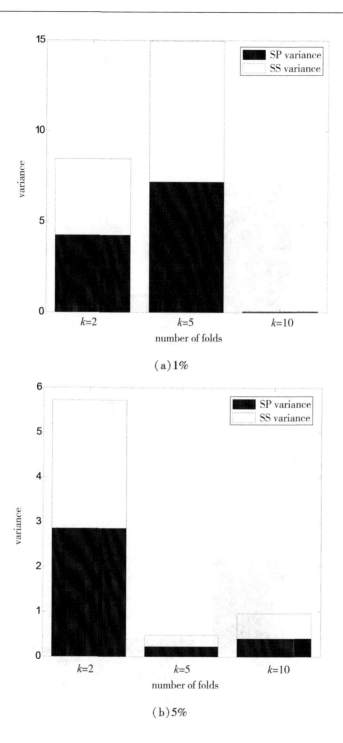

（a）1%

（b）5%

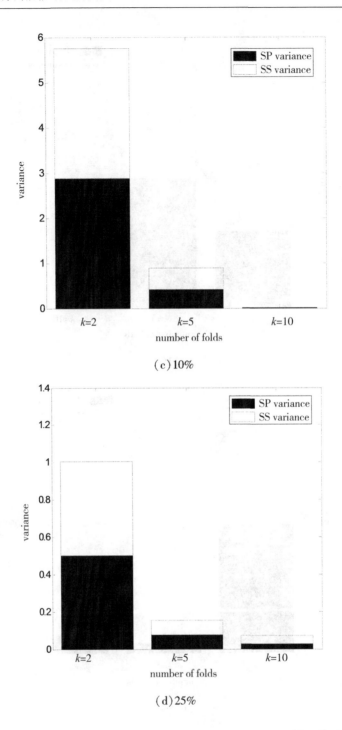

（c）10%

（d）25%

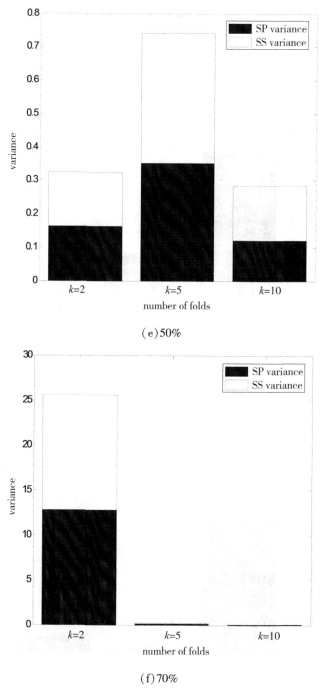

（e）50%

（f）70%

图 8.1 使用 ARIMA 预测可用内存的 k 折交叉验证方差分解

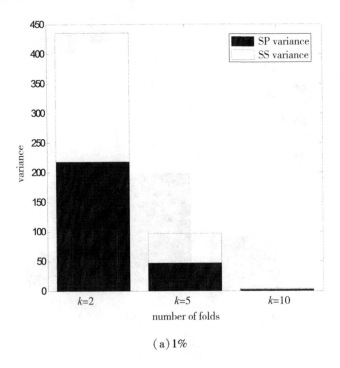

(a) 1%

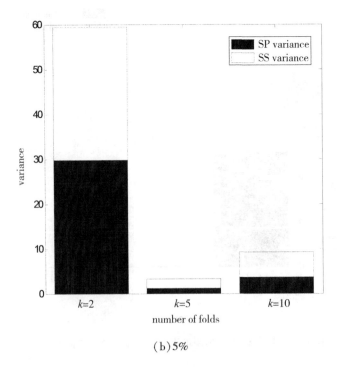

(b) 5%

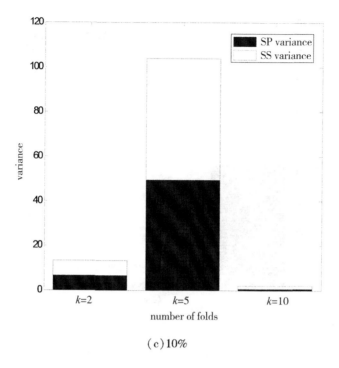

（c）10%

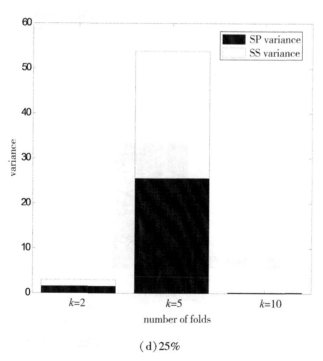

（d）25%

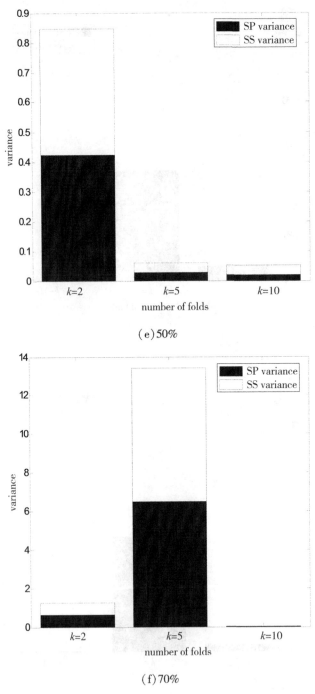

（e）50%

（f）70%

图 8.2　使用 ANN 预测可用内存的 k 折交叉验证方差分解

本书使用增强的 Friedman 检验来判断不同数据采样过程对方差变化的影响是否相同。如果原假设被拒绝，本书则使用 Nemenyi post-hoc 检验来判断哪个数据采样过程性能更好。ARIMA 和 ANN 的修正 Friedman 检验值分别为 11.4 和 5.6。在此实验中，显著性水平设置为 0.05，因此其临界值为 4.103。由于针对 ARIMA 和 ANN 的增强 Friedman 检验的值均大于 4.103，因此需要拒绝原假设，并且需要进行 Nemenyi 事后检验。在 Nemenyi 事后检验中，α 设置为 0.05，因此 Tukey 分布的临界值为 2.344。ARIMA 和 ANN 的 CD 为 1.353。表 8.1 显示了三个 k 折的 ARIMA 的每个平均序数结果。

表 8.1　　　　　不同 k 值的 ARIMA 的 Nemenyi 事后检验

	$k=2$	$k=5$	$k=10$
排序	2.8	2	1.2

对于 $k=2$ 和 $k=5$，由于 $k=5$ 的右边界为 2.677，$k=2$ 的左边界为 2.123，因此存在重叠区域。由于 $k=5$ 的左边界为 1.323，$k=10$ 的右边界为 1.877，因此在 $k=5$ 和 $k=10$ 之间存在重叠区域。但是，$k=2$ 和 $k=10$ 没有重叠区域，因此 $k=10$ 时预测性能是最好的。

3. 修正 t 检验下的两种回归算法性能比较

在分解完方差并分析了数据采样过程对方差的影响之后，本书通过在一个数据集中使用修正的 t 检验来比较 ARIMA 和 ANN 在资源消耗预测方面的性能差异。在进行修正 t 检验之前，我们需要设置显著性水平 α 和自由度的值。在本章中，α 设置为 0.05（双侧），自由度在 $k=2$，$k=5$ 和 $k=10$ 中分别设置为 19、49 和 99。表 8.2 给出了使用 ARIMA 和 ANN 进行预测时修正 t 检验的值。

$k=2$，$k=5$ 和 $k=10$ 的临界值分别为 2.093、2.01 和 1.984。在 $k=2$ 时，除了 1%，5% 和 70% 的数据采样过程之外，t 检验的值均小于临界值，因此无须拒绝原假设，ARIMA 的预测性能与 ANN 的预测性能相当。对于 70% 的数据采样过程，在 $k=2$ 时，需要拒绝原假设，并且由于 ANN 的方差小于 ARIMA 的方差，ANN 的预测性能要优于 ARIMA。在 $k=5$ 时，数据采样过程采样比例为 10% 和

25%时，校正 t 检验的值超过了临界值，ARIMA 在 10%和 25%时的预测性能要优于 ANN 的预测性能。在 $k=10$ 时，我们看到 5%的数据采样过程下的校正 t 检验的值大于临界值 1.984，因此需要拒绝原假设。对于 5%的数据采样过程，在 $k=10$ 时，由于 ARIMA 的方差小于 ANN 的方差，ARIMA 的预测性能要优于 ANN 的预测性能。除了数据采样过程为 5%以外，ARIMA 和 ANN 的预测性能在 $k=10$ 时具有相似的结果。从整体上看，ARIMA 算法适合预测可用内存中的资源消耗。

表 8.2　　　　　　使用 ARIMA 和 ANN 进行预测时，修正 t 检验的值

方差	1%	5%	10%	25%	50%	70%
$k=2$	3.644	5.884	1.485	1.859	1.811	2.917
$k=5$	1.586	2.01	2.952	2.523	1.997	1.75
$k=10$	1.446	2.093	1.646	1.46	0.646	1.416

8.2.2　堆内存的方差分析

1. 堆内存的方差分解分析

与上一节相同，黑色部分是由 k 折交叉验证对数据划分的修改而导致的方差。白色部分是通过不同百分比对数据集进行采样而引起的数据集变化所导致的方差。

在图 8.3 中，可以看到预测损失 SP 与 SS 几乎相同。但是，在每个不同的采样数据集中，不同 k 值下的方差存在很大的差异。在图 8.3(a)中，$k=2$ 时的总方差是 $k=10$ 时的总方差的 147 倍。在图 8.3(c)中，尽管 $k=2$、$k=5$、$k=10$ 时的方差都很小，但 $k=2$ 时的总方差是 $k=10$ 时的总方差的 131 倍。在图 8.3(e)中，$k=2$ 时的总方差与 $k=10$ 时的总方差相同。在图 8.3(f)中，$k=5$ 时的总方差最小。还可以看到，尽管 $k=5$ 时的方差在 70%的采样过程中结果最佳，但其性能表现处于中间位置。这里还有一个有趣的现象，即在数据采样过程中，随着使用的数据数量增加，总方差会减少。

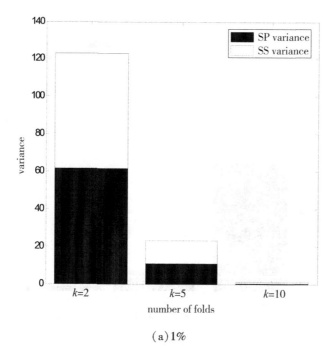

(a)1%

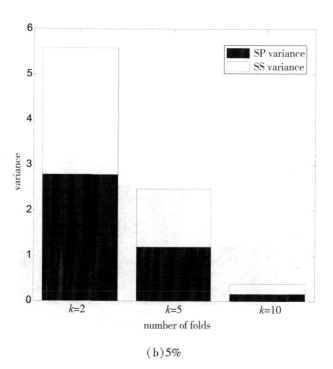

(b)5%

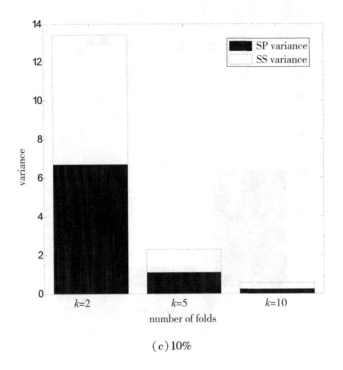

（c）10%

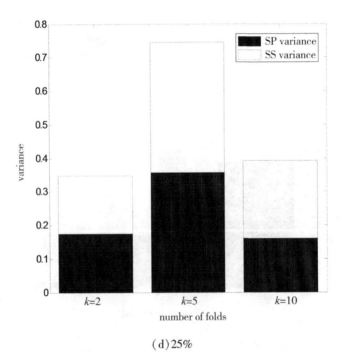

（d）25%

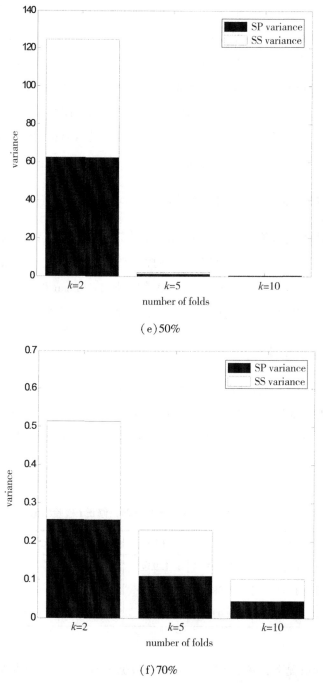

(e)50%

(f)70%

图 8.3 使用 ARIMA 预测堆内存的 k 折交叉验证方差分解

可以看到，在图 8.4 中的每个数据采样中，SP 方差与 SS 方差几乎相同。在图 8.4(a)中，$k=2$ 时的总方差是 $k=10$ 时的总方差的 5168 倍。在图 8.4(c)中，$k=2$ 时的总方差是 $k=10$ 时的总方差的 132 倍。在图 8.4(f)中，$k=5$ 时的总方差最小。对于不同的采样过程，$k=5$ 时总方差在所有 k 中处于中间位置。

尽管在每个数据采样过程中，SP 和 SS 的方差几乎没有差异，但是在不同的 k 值中方差却有很大的差异。而且可以看到，无论是 ARIMA 还是 ANN，$k=5$ 时的总方差在不同的数据采样和数据分割过程中均具有不错的表现。

2. 一个数据集中的不同 k 值的方差分析

使用 ARIMA 进行预测的增强 Friedman 检验的值为 4，ANN 的值为未定义，这意味着不同 k 值的预测性能相同。在此实验中，显著性水平 α 的值设置为 0.05，因此临界值为 4.103。由于 ARIMA 的增强 Friedman 检验的值小于 4.103，因此需要接受零假设，即我们认为不同 k 值的预测性能相同。

3. 校正 t 检验下的两种回归算法性能比较

在这项工作中，显著性水平 α 的值设置为 0.05(双侧)。对于 $k=2$，$k=5$ 和 $k=10$，自由度分别设置为 19、49 和 99。因此，$k=2$，$k=5$ 和 $k=10$ 的临界值分别为 2.093、2.01 和 1.984。表 8.3 给出了在 ARIMA 和 ANN 中修正的 t 检验方法的值。

表 8.3　　　使用 ARIMA 和 ANN 进行预测时，修正 t 检验的值

variance	1%	5%	10%	25%	50%	70%
$k=2$	0.279	2.054	1.959	1.367	2.808	2.293
$k=5$	1.475	0.882	0.224	0.101	0.715	0.721
$k=10$	1.418	0.923	0.915	1.331	0.943	0.843

在 $k=2$ 的情况下，除了 50% 和 70% 的数据采样过程外，t 检验的值均小于临界值，因此原假设不需要被拒绝，我们认为 ARIMA 的预测性能与 ANN 的预测性能相同。对于 50% 和 70% 的数据采样过程，在 $k=2$ 时，需要拒绝原假设。

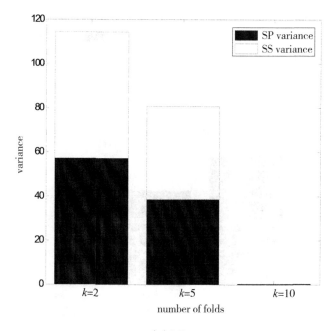

（a）1%

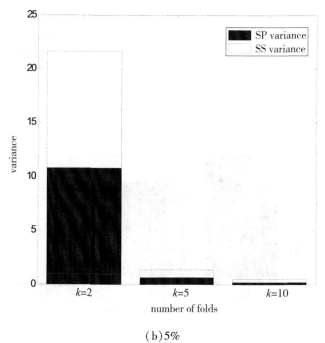

（b）5%

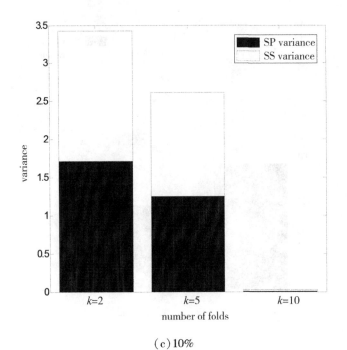

（c）10%

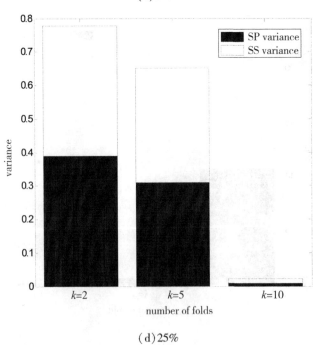

（d）25%

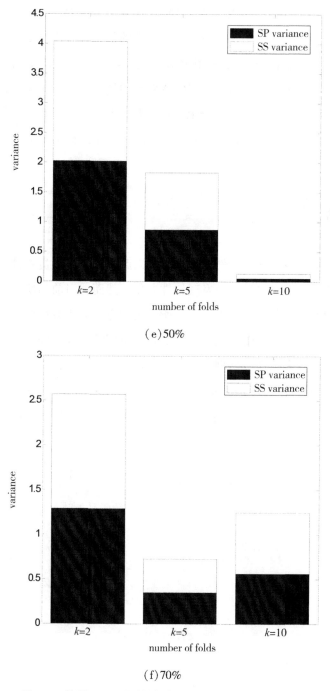

（e）50%

（f）70%

图 8.4　使用 ANN 预测堆内存的 k 折交叉验证方差分解

在 70% 的数据采样过程中，由于 ARIMA 的方差小于 ANN 的方差，因此 ARIMA 的预测性能要比 ANN 好。在 $k=5$ 时，t 检验的值都小于临界值，因此 ANN 和 ARIMA 在资源消耗预测方面具有相同的性能。$k=5$ 时和 $k=10$ 时方差的值都小于临界值，因此需要接受原假设，认为 ANN 的预测性能与 ARIMA 相同。ARIMA 和 ANN 的预测性能在 $k=5$ 时和 $k=10$ 时是相同的。在 $k=2$ 且数据采样为 50% 的情况下，ANN 的预测性能更好。因此，ARIMA 和 ANN 在不同的 k 值上总体具有相同的预测性能。

8.3　小结

由于在许多领域出现了软件老化问题，因此一些研究人员专注于研究老化问题中的资源消耗预测，以便提前发现软件老化。然而，目前的研究缺少关于资源消耗预测的方差分析。对此，本书基于所提出的方差分析方法对资源消耗预测的方差进行了分析。在实验中，我们发现尽管在不同的采样过程中 SS 方差和 SP 方差几乎相同，但总方差在数据划分过程中呈现较大的差异；并且当数据分割过程的 $k=5$ 时，可用内存和堆内存的资源消耗预测效果均较好。从预测算法来看，无论是操作系统级别的可用内存还是应用程序级别的堆内存，ARIMA 算法在预测资源消耗上都具有良好的表现。

第9章　基于岭神经网络的老化预测

自从 20 年前 Huang 发现了软件老化问题以来，许多学者致力于对软件老化识别和使软件系统恢复到鲁棒状态进行研究。如，Ficco 等[194] 提出了一种实验方法来分析 Apache Storm 上的软件老化问题。由于软件系统的状态可以看作按照时间顺序排列的一些离散状态，因此，回归方法（例如线性方法和非线性方法）常被用于识别软件的性能下降。自回归平均移动，也称为 ARIMA，是一种线性方法，被用于各领域的预测问题，例如股票预测，[195] 风能预测[196] 和能源领域。[130] 然而，ARIMA 有一个基本假设，即一个序列必须是线性的并且没有太多离散点或异常点。如果违反此假设，则 ARIMA 的预测性能将不理想，并且序列中存在的非线性特征也无法通过线性方法进行拟合。由于现实数据中不仅包含线性特征，而且还包含非线性特征、季节特征等，因此一些研究使用非线性方法，尤其是人工神经网络（ANN）来捕获序列中的非线性特征。人工神经网络已被广泛应用于状态预测问题和序列预测问题，与其他预测方法相比，人工神经网络具有数据驱动、无须假设基础数据的特征，以及非线性和灵活适应复杂情况的优点。[197]

然而，一些研究表明，人工神经网络也存在一些缺点。赫拉维（Heravi）等人[198] 使用人工神经网络来预测欧洲工业产品的年度变化，发现使用均方根误差作为评估标准时人工神经网络的准确性低于线性方法。Büyükşahin 等[199] 指出，数据的特征影响了预测结果。另外，他们使用了一种分解方法将数据系列分解为不同部分，并使用人工神经网络和其他方法来拟合新的数据系列。在实验中，通过使用分解的方法，数据的预测精度得以提高。

由于预测方法的性能受数据质量的影响，因此许多研究人员致力于预处理研究。Wu 等[200] 为预测降雨进行了一系列实验，发现与线性回归和 k 最近邻等方法相比，将经过预处理后的数据作为输入的人工神经网络方法预测效果最好。

Viedma 等[201]使用一些经典的预处理方法来改善长短期记忆的准确性,实验结果表明通过使用一些预处理方法可以改善长短期记忆的预测结果。

对于人工神经网络来说,预测的容量衰减是网络的复杂性导致的,即隐藏层的数量。Crone 等[202]做了一系列的实验,试图为序列数据找到更好的预测指标。他们发现人工神经网络适合处理复杂的数据,然而当数据量较少或网络结构过于复杂时,很容易陷入过拟合。Han 等[203]使用一种剪枝的方法来解决人工神经网络的计算密集型问题:首先,使用一种方法确定哪些连接是重要的;其次,对不重要的连接进行修剪;最后,使用左连接对网络进行重新训练。在实验中,他们发现所提方法可以在不降低预测精度的情况下避免过拟合问题的出现。

显然,关于人工神经网络的预测性能的改进是一项具有挑战性的研究。在本章中,我们从软件老化预测的两个方面入手以提高人工神经网络的预测精度。一方面是提出一种带有岭的 ANN 方法,以提高软件老化的预测性能并降低网络的复杂性;另一方面是使用萤火虫群优化方法搜索网络的最佳参数值,萤火虫优化方法可以自动确定极值域和超参数,并且易于理解。本章所做的工作及贡献如下:首先,鉴于人工神经网络的结构复杂性,我们提出了一种改进的方法,即带有岭的 ANN;其次,我们使用参数选择方法"萤火虫群优化"来自动学习超参数;最后,实验结果显示,与其他方法相比,该方法是有效的。

9.1　相关方法

人工神经网络被广泛用于预测问题。Kaastra 等[204]使用人工神经网络通过以下八个步骤对老化进行预测:变量选择,数据收集,预处理,数据拆分,网络结构,评估方法,模型拟合和预测。Chen 等[205]用局部线性模型代替了隐藏层和输出层之间的小波神经网络连接权重,为了训练修改后的模型,他们使用粒子群优化算法学习模型参数,仿真结果表明该方法是有效的。然而,当特征数较大时,该方法需要大量的计算资源。考虑到时间序列的线性特征,Jain 等人[206]提出了一种基于自回归和神经网络的混合方法,同时使用了一些性能评估指标(如绝对误差、相对误差)来评估预测性能。Menezes 等[207]使用无反馈回路的动态神经体系结构来进行多步时间序列预测。在实验中,他们使用了两组时间序列来验证他们的方法，结果表明所使用的方法比 Elman 网络具有更好的预测性能。由于反向传播神经网络存在局部最优问题，Wang 等人[208]使用自适应差分进化方法来寻求最优解。通过与基本的反向传播神经网络和 ARIMA 进行比较，作者发现该方法在两个数据集中提高了预测的精度。然而，Wang 等人所提出的方法是基于随机轨道的搜索模型，该模型趋向于收敛到局部最优点甚至任意点。

在软件老化分析方面，Magalhaes 等人[128]使用 ARIMA 和 Holt-Winters 来预测可用内存。然而他们对可用内存数据进行拟合是基于如下假设：数据应该是线性且无噪声的。Yakhchi 等[164]比较了七种机器学习算法对软件老化的预测性能，发现多层感知器神经网络与其他五种方法相比具有更佳的预测效果。在本章中，我们同样使用多层感知器神经网络来预测商用 Web 服务器中的软件老化问题。Umesh 等[209]使用时间序列方法、移动平均法，来预测遭受软件老化问题的 Windows 服务器系统中的 CPU 使用率情况。Mohan 等[210]使用自回归平均移动-自回归条件异方差方法来预测 ESXi 中的资源消耗。Li 等[211]提出了一种基于概率老化指标的混合算法，以预测两种类型的系统中与老化相关的错误所引起的故障问题。实验结果表明，该方法提高了预测精度和查全率。为了预测物联网中的性能异常，Liu 等人[212]利用 BP 神经网络联合人工蜂群方法对从 Google 中收集的数据进行拟合，以判断软件系统是否处于老化状态。然而，该方法仅考虑了数据的非线性特征，而忽略了网络结构对软件老化预测的影响。尽管上述方法提供了一种增强预测性能的方法，但并未考虑 ANN 的复杂性问题。在本章中，我们提出了一种带有岭惩罚的神经网络方法，以减轻传统神经网络的复杂性，并提高其预测的准确性。

9.2 岭惩罚的神经网络方法

对软件老化序列的预测，包含三个步骤：首先是预处理，其次是在预处理后使用本书提出的方法对数据进行拟合，最后是通过一些测量方法来评估预测器是否可行。

由于现实世界中的序列数据(尤其是软件老化序列的序列数据)结构复杂，因此需要对老化序列数据进行预处理，步骤如下：离群值识别，处理和规范化。

离群值是指偏离正常数据点的数据点。离群值识别也称为异常检测。聚类方法可以通过计算离群点与聚类中心之间的距离来发现离群点。然而，聚类方法无法找到非周期性的离群值，因此 Landauer 等人[213]提出了一种动态离群值识别方法，通过产生多个聚类，以映射确定聚类的变化。在本章中，为简单起见，我们通过计算离群值与多个数据点的平均值之间的距离来识别软件老化序列的异常问题。

软件老化序列，可以表示为：

$$x_{t+q} = \beta_1 x_t + \cdots + \beta_{i-1} x_{t+i} + \cdots + \beta_q x_{t+(q-1)} + \varepsilon_t \tag{9.1}$$

其中 ε_t 表示高斯白噪声，q 表示提前预测的步数，x_{t+i} 为在 $t+i$ 时刻的序列值。

异常点可以定义为：

$$x_{t+q} \geq \text{outlierdown}(\,) = k \times \max\{\text{med}(x_{t+q-k}, \cdots, x_{t+q-1}),$$
$$\text{med}(x_{t+q+1}, \cdots, x_{t+q+k})\} \tag{9.2}$$

其中 med( ) 表示一个中间值函数，k 是一个控制计算中间值的延迟值，outlierdown( ) 表示异常点函数的下界值。

当观察值大于或等于 outlierdown( ) 的返回值时，可以将其视为异常值。离群值将被替换为 k 点之前和之后的那些点的平均值。

在进行离群值检测和处理后，需要使用以下公式对时间序列的数据点进行归一化(0 和 1 之间) 处理：

$$x_{t+q} = \frac{x_{t+q} - x_{\min}}{x_{\max} - x_{\min}} \tag{9.3}$$

在进行预处理后，需要将预处理的数据作为所提出方法的输入对模型进行拟合。本书首先对岭的概念进行简单的回归；然后提出基于岭的神经网络方法，同时也给出一个超参数调优的方法；最后给出模型评估的方法。

1. 岭的概念

对于使用线性回归方法求解的时间序列问题，该问题可以表示为：

$$h(\beta) = y = \beta_0 + \beta_1 x_1 + \cdots + \beta_i x_i + \cdots + \beta_q x_q + e \tag{9.4}$$

其中 x_i 表示自变量，q 是自变量的个数，y 是目标变量，β_i 是系数，e 是高斯白噪声。

假定 X 是一个具有 m 行和 $q + 1$ 列的矩阵，其中 m 是输入数据的行数，q 是特征数，Y 是具有 m 行的列向量。则式(9.4)可以改写为：

$$Y = X\beta + \varepsilon$$

其中：

$$X = \begin{bmatrix} 1 & \cdots & x_i^{(0)} & \cdots & x_q^{(0)} \\ \vdots & & \vdots & & \vdots \\ 1 & \cdots & x_i^{(m-1)} & \cdots & x_q^{(m-1)} \end{bmatrix}$$

$$\beta = \begin{bmatrix} \beta_0 & \cdots & \beta_i & \cdots & \beta_q \end{bmatrix}^{\mathrm{T}}$$

$$\varepsilon = \begin{bmatrix} e_0 & \cdots & e_i & \cdots & e_q \end{bmatrix}^{\mathrm{T}} \tag{9.5}$$

对于一个给定的输入向量 $x^{(i)}$，其中 $x^{(i)}$ 的上标表示输入数据集中的第 i 个数据项，则预测的目标值可以表示为：

$$\hat{y} = \hat{\beta}_0 + \hat{\beta}_1 x_1 + \cdots + \hat{\beta}_i x_i + \cdots + \hat{\beta}_q x_q \tag{9.6}$$

为了找到 β 的估计值，通常使用最小二乘法进行求解：

$$J(\beta) = \frac{1}{m}(Y - X\beta)^{\mathrm{T}}(Y - X\beta) = \frac{1}{m}\sum_{j=1}^{m}(y^{(j)} - x^{(j)}\beta) \tag{9.7}$$

通过最小化损失函数，β 的估计值可以表示为：

$$\hat{\beta} = \mathrm{argmin}\sum_{j=1}^{m}\left(y^{(j)} - \sum_{i=0}^{q}\beta_i x_i^{(j)}\right)^2 \tag{9.8}$$

当模型复杂时，使用最小二乘法表示损失函数可能会导致过拟合问题。岭[214]方法用于对负载的模型进行惩罚，将岭的思想融入上式可得：

$$J(\beta) = \frac{1}{m}\sum_{j=1}^{m}(y^{(j)} - x^{(j)}\beta) + \lambda \parallel \beta \parallel_2^2 \tag{9.9}$$

其中 $\parallel \beta \parallel_2^2$ 是 $L2$ 正则项，λ 是拉格朗日算子，用于控制模型的复杂度，随着 λ 的增大，模型将变得简单。

进一步地，β 的估计值可以表示为：

$$\hat{\beta} = \mathrm{argmin}\left[\sum_{j=1}^{m}\left(y^{(j)} - \sum_{i=0}^{q}\beta_i x_i^{(j)}\right)^2 + \lambda \parallel \beta \parallel_2^2\right] \tag{9.10}$$

通过使用梯度下降方法，β 的迭代求解可表示为：

$$\beta_i^{p+1} = \beta_i^p(1 - 2\lambda) + \frac{\alpha}{m}\sum_{k=1}^{m}(y^{(k)} - x^{(k)}\beta)x_i^{(j)} \tag{9.11}$$

其中 β_i^{p+1} 的上标表示迭代的次数，β_i^{p+1} 的下标表示第 i 个参数，α 用于控制步长的大小。

同时，β 的解析解可以表示为：

$$\hat{\beta} = (X^{T}X + \lambda I)^{-1}X^{T}Y \tag{9.12}$$

其中 I 表示单位矩阵。

2. 基于岭的人工神经网络

多层感知器（MLP）[215] 作为人工神经网络算法，可以表示任何非线性变换，其包含三个部分：输入层、隐藏层和输出层。

假设 MLP 的输入层包含 q 个节点，隐藏层包含 p 个节点，输出层包含 1 个节点，则其输出可以表示为：

$$h_j = f(\sum_{i=1}^{q}\beta_{ij}x_i + b_j) \tag{9.13}$$

其中 β_{ij} 是从输入层的节点 i 到隐藏层的节点 j 的权重，b_j 是隐藏层中节点 j 的截距项，f 是激活函数，本章使用 S 型函数作为激活函数，原因在于该函数可以任意精度拟合非线性函数。[216~217]

$$f(\sum_{i=1}^{q}\beta_{ij}x_i + b_j) = \frac{1}{1 + \exp[-(\sum_{i=1}^{q}\beta_{ij}x_i + b_j)]} \tag{9.14}$$

令 β_{jo} 为隐藏层的第 j 个节点与输出层的输出节点之间的权重，b_o 为输出层的截距项，则具有一个隐藏层的 MLP 可以表示为：

$$y = f[\sum_{j=1}^{p}w_{jo}f(\sum_{i=1}^{q}\beta_{ij}x_i + b_j) + b_o] \tag{9.15}$$

在本章中，为减小神经网络的复杂性，我们在输入层与隐藏层之间的权重上添加了惩罚项。

$$J(\beta) = \frac{1}{m}\sum_{k=1}^{m}(y^{(k)} - f^{(k)}[\sum_{j=1}^{p}w_{jo}f(\sum_{i=1}^{q}\beta_{ij}x_i + b_j) + b_o]) + \lambda\|\beta\|_2^2 \tag{9.16}$$

$\hat{\beta}$ 的值可以表示为：

$$\hat{\beta} = \text{argmin}\left[\sum_{j=1}^{m}(y^{(j)} - \sum_{i=0}^{q}\beta_ix_i^{(j)})^2 + \lambda\|\beta\|_2^2\right] \tag{9.17}$$

式(9.17)是一个二次优化问题，可以通过拟牛顿法，[218] 遗传算法[219] 等进行求解。

3. 参数的计算

通常，超参数的取值可以通过网格方法获得：该方法首先将网格中超参数的可能值在一个网格中进行搜索，然后使用交叉验证方法发现其值。然而，这种方式不能保证找到超参数的最优值。在本章中，我们使用萤火虫群优化(GSO)方法寻找那些损失函数参数的最优值。GSO 是由 Krishnanand 和 Ghose[220] 提出的。在 GSO 中，萤火虫与萤光素相互作用，每个萤火虫的位置都代表一种解决方案。如果某个萤火虫的萤光素值较高，则萤火虫会向具有较高荧光素的萤火虫移动。同时萤光素会随时间的流逝而减少。使用 GSO 查找最佳参数值的求解过程包含五个步骤。

步骤 1：定义损失函数并使用以下公式执行迭代：

$$l_i(t) = (1 - \rho)l_i(t - 1) + \gamma f(x^{(i)}(t)) \tag{9.18}$$

其中 $f(x^{(i)}(t))$ 表示优化函数，$l_i(t)$ 是萤火虫 i 的荧光素值，是介于 0 和 1 之间的常数，γ 是挥发性因子。

步骤 2： 每个萤火虫在动态决策域 $r_d^i(t)$ 中将其荧光素值与其他萤火虫的荧光素值进行比较，并找到一个邻居集合，在该集合中这些萤火虫的荧光素值较高。

步骤 3： 在步骤 2 之后选择萤火虫移动。

$$\mathrm{argmax}(p_{i1}(t), p_{i2}(t), \cdots, p_{ij}(t), \cdots p_{iN_i(t)}(t)) \tag{9.19}$$

其中 $p_{ij}(t) = \dfrac{l_j(t) - l_i(t)}{\sum_{k \in N_i(t)}(l_k(t) - l_i(t))}$，并且 $N_i(t)$ 表示距离萤火虫 i 最近的邻居数目。

步骤 4： 在决定和完成移动后，对优化函数进行更新。

$$f(x^{(i)}(t + 1)) = f(x^{(i)}(t)) + s\left(\frac{f(x^{(j)}(t)) - f(x^{(i)}(t))}{\| f(x^{(j)}(t)) - f(x^{(i)}(t)) \|}\right) \tag{9.20}$$

步骤 5： 在对上式进行更新后，对决策域进行更新。

$$r_d^i(t + 1) = \min\{r_s, \ \max\{0, \ r_d^i(t), \ \beta(n_t - |N_i(t)|)\}\} \tag{9.21}$$

其中 r_s 是萤光素的感知域。

4. 预测性能评价指标

为了评估预测性能，本章使用以下指标进行性能评估：平均绝对误差（MAE），均方根误差（RMSE）和 R^2（确定系数）。[221]

$$MAE = \frac{\sum_{i=1}^{m} |\hat{y}^{(i)} - y^{(i)}|}{m} \tag{9.22}$$

$$RMSE = \sqrt{\frac{\sum_{i=1}^{m} (\hat{y}^{(i)} - y^{(i)})^2}{m}} \tag{9.23}$$

$$R^2 = \frac{\sum_{i=1}^{m} (\hat{y}^{(i)} - \bar{y}^{(i)})^2}{\sum_{i=1}^{m} (y^{(i)} - \bar{y}^{(i)})^2} \tag{9.24}$$

其中 $y^{(i)}$ 表示观测值，$\hat{y}^{(i)}$ 表示拟合值，$\bar{y}^{(i)}$ 表示均值。

9.3　实验

本章中的数据来源于一些实际的商业应用程序，包括一些医疗应用程序，例如在线注册系统和住院病人查询系统。数据收集时间为半年，数据收集间隔为一分钟，收集的变量类型包括 Web 服务、线程、处理器信息等。本章使用的数据数量为 40313，输入变量的数量为 101。表 9.1 给出了一些候选输入变量及其说明。

表9.1　　　　　　　　　　参 数 说 明

参　　数	描　　述
所有堆中的字节数(堆内存)	应用程序级别中已使用的虚拟内存
匿名用户	每秒匿名用户访问次数
可用内存	操作系统级别未使用的内存
总字节数	每秒包括接收和发送在内的总字节数
连接尝试数	每秒网络用户的连接数
发送的文件数	每秒 Web 服务发送的文件数

续表

参 数	描 述
最大连接数	最大并行连接数
方法请求总数	用户请求的数量
接收到的数据包	网络设备接收到的数据包的数量
磁盘写入时间	将文件写入磁盘的总时间
处理器时间	CPU 利用率

图 9.1 给出了本章使用的一个输入变量的数据特性,即处理器使用率。由图 9.1 可见数据呈现出频繁且显著的变化。在最后的运行阶段,尽管 CPU 利用率较低,但系统仍出现了软件老化问题。

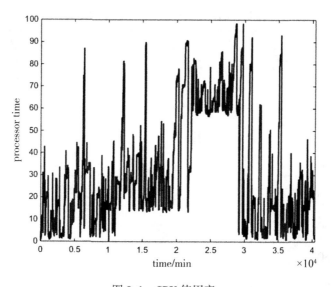

图 9.1 CPU 使用率

为了验证所提出方法的有效性,本书进行了一系列实验。由于 Alonso 等[127] 发现仅通过操作系统中的参数来验证软件老化可能会导致错误判断,因此,本书选择了两个关键变量:操作系统级别的可用内存和软件应用程序级别的堆内存作为目标变量。实验可以分为两个预测过程:一个是关于可用内存的预测,另一个是关于堆内存的预测。之后我们将收集到的数据用于训练我们的方法,并通过一些性能指标将方法的结果与原始 MLP 和 ARIMA 进行比较。在以下两个实验中，我们使用的 ANN 是具有三层的 MLP。为了评估所提出方法的预测性能，我们使用上节中提到的三个指标作为度量标准来评估预测性能。

1. 可用内存的预测

为了训练和验证所提出的方法，我们将使用的数据集分为两个数据集。一个是训练数据集，占所有数据的 70%，另一个是验证数据集。所提出的方法包含两种超参数：一种是 MLP 的超参数，另一种是 GSO 的超参数。表 9.2 给出了使用的参数。ARIMA 的参数可以表示为 ARIMA(5，7，3)；MLP 的参数设置如下：q 为 101，p 为 30。在进行 200 次迭代后，训练阶段的观测值和拟合值结果如图 9.2 所示，验证过程如图 9.3 所示。

表 9.2　　　　　　　　所提出的方法在可用内存预测中的参数

算法	参数	值
MLP	q	101
MLP	p	30
GSO	ρ	0.6
GSO	γ	0.3
GSO	β	0.1
GSO	s	0.07
GSO	l_0	10
GSO	n_t	5

图 9.4 和图 9.5 给出了不同方法下的观测值和预测值之间的比较。实验结果表明，由 MLP 构造的具有 ridge 结构的模型可以很好地反映可用内存的动态变化过程。而且，我们可以看到具有 ridge 的 MLP 在所有方法中预测性能最好，而原始的 MLP 预测性能最差。

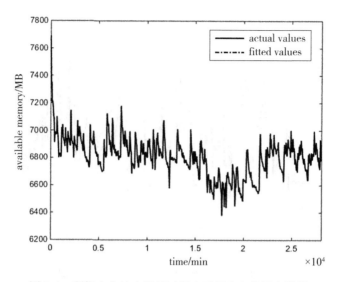

图 9.2 所提出方法在训练过程中可用内存的拟合结果

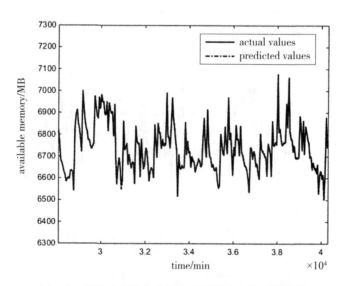

图 9.3 所提出方法在验证集中可用内存的预测结果

为了定量评估所提出的方法，表 9.3 给出了详细的统计结果。

对于训练阶段的 MAE，原始 MLP 的拟合结果最差，而带有 ridge 的 MLP 的值在三个算法中最小。对于测试阶段的 MAE，带有 ridge 的 MLP 值为 4.123，在

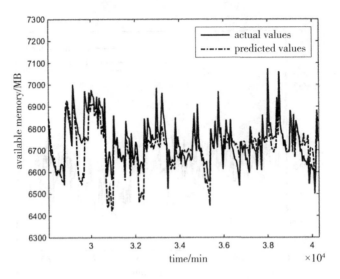

图 9.4　验证集中可用内存的 MLP 预测结果

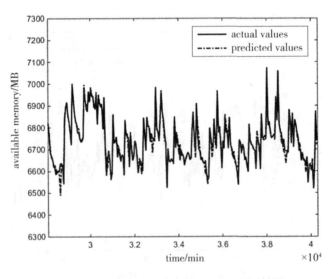

图 9.5　验证集中可用内存的 ARIMA 预测结果

所有模型中最小；与 MAE 相似，带有 ridge 的 MLP 的 RMSE 值最小，其预测性能较其他两个算法更好。在 R^2 中，尽管 MLP 的 R^2 在训练阶段为 0.955，但在验证阶段仅为 0.607。因此，带有岭的 MLP 可以提高可用内存的预测精度。

表 9.3　　　　　　　　带有 ridge 的 MLP 与其他算法之间的性能比较

算法	训练阶段			验证阶段		
	MAE	RMSE	R^2	MAE	RMSE	R^2
MLP with ridge	0.891	7.444	0.997	4.123	4.994	0.999
MLP	20.001	104.822	0.955	55.397	73.205	0.607
ARIMA	9.559	22.216	0.971	19.082	36.289	0.881

2. 堆内存的预测

类似于可用内存的预测，我们将数据集分为两个数据集：将一个包含 70% 的数据作为训练数据集，将剩余的数据作为验证数据集。同样所提出的方法包含两类超参数：一类是 MLP 的超参数，另一类是 GSO 的超参数。表 9.4 给出了使用的参数。ARIMA 的参数可以表示为 ARIMA(4，3，6)。MLP 的参数设置如下：q 为 101，p 为 30。在进行 200 次迭代后，所提出方法在训练过程中的观测值和拟合值结果如图 9.6 所示，验证过程中的预测结果如图 9.7 所示。

表 9.4　　　　　　　　所提出的方法在堆内存预测中的参数

算法	参数	值
MLP	q	101
MLP	p	30
GSO	ρ	0.8
GSO	γ	0.5
GSO	β	0.3
GSO	s	0.05
GSO	l_0	20
GSO	n_t	9

图 9.8 和图 9.9 分别给出了验证阶段中的 MLP 和 ARIMA 的预测结果。实验结果表明，由 MLP 构造的具有 ridge 的模型可以成功地反映堆内存的使用情况。

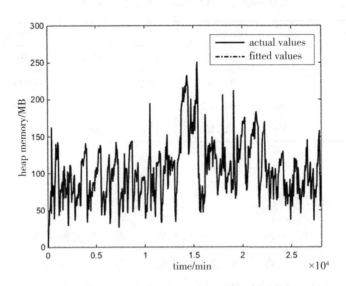

图 9.6 所提出方法在训练过程中堆内存的拟合结果

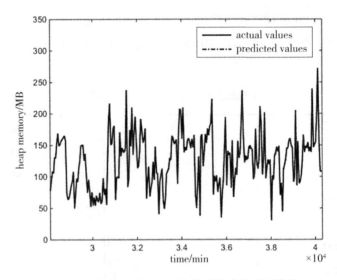

图 9.7 所提出方法在验证集中堆内存的预测结果

而且,可以看到带有 ridge 的 MLP 在这些方法中具有最优的预测性能。

表 9.5 给出了该方法与其他方法的性能比较结果。对于具有岭的 MLP,其 R^2 在训练阶段达到 0.99,在验证阶段为 0.997。对于 MLP,在训练过程中其 RMSE 为 0.676,在验证阶段中其 RMSE 值排名第二。对于 ARIMA 而言,其 MAE

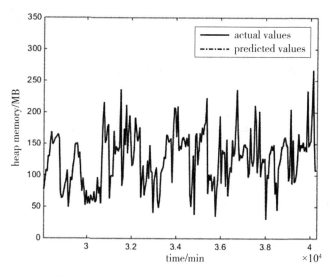

图 9.8　验证集中堆内存的 MLP 预测结果

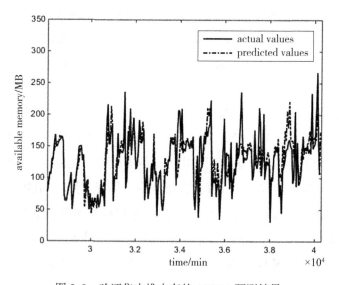

图 9.9　验证集中堆内存的 ARIMA 预测结果

在训练过程中是所有模型中最大的，在验证过程中亦是如此。我们可以看到，在三种方法中，处于验证阶段的 MLP 的 MAE 值最小。总的来说，带有岭的 MLP 的预测准确性要比其他两种方法更高。

表 9.5   **带有 ridge 的 MLP 与其他算法之间的性能比较**

算法	训练阶段			验证阶段		
	MAE	RMSE	R^2	MAE	RMSE	R^2
MLP with ridge	0.197	0.502	0.999	1.313	2.800	0.997
MLP	0.306	0.676	0.999	1.132	4.008	0.993
ARIMA	5.439	9.187	0.943	17.527	28.477	0.610

9.4 小结

最近的研究表明，软件老化问题会导致软件系统不可用。为了解决这个问题，Huang 等人提出了软件抗衰的方法，以使软件状态重新进入健壮状态：通过停止系统，清理系统的内部状态以及重启系统以消除累积的软件错误。为了降低抗衰操作的成本，如何准确预测老化导致的软件系统崩溃时间是软件抗衰面临的主要挑战之一。由于相关研究表明资源消耗是导致软件老化的主要因素之一，因此本章试图从操作系统级别和应用程序级别两个方面入手提高资源消耗的预测精度。

本章提出了一种带有岭的 MLP 方法，即通过增加惩罚系数来改善网络结构。考虑到超参数的选择，我们使用 GSO 方法自动找到全局最优值。并在所提出方法的基础上进行了实验，以证明所提出方法的有效性。在可用内存预测中，所提出的方法优于其他两种方法。在堆内存预测中，尽管原始的 MLP 比 ARIMA 具有更好的预测性能，但所提出的方法呈现出了最佳的预测性能。关于所提出的方法，未来仍需开展两个方面的工作：一方面是寻找一种更有效的方法来自动学习超参数的值，因为使用 GSO 方法进行搜索很耗时；另一方面是将所提出的方法应用于其他领域以显示其普适的预测能力。

第10章 基于深度信念网络的软件性能分析

随着软件系统规模的日益增大，软件缺陷急剧增加，如何应对软件系统中出现的问题并进行有效管理成为学界研究热点。正在运行的软件系统中的故障被激活会导致一系列的现象出现，如性能下降和返回错误的结果。软件老化问题已经在多类系统中被发现，如操作系统，[37] Web 服务器，[222] 嵌入系统，[223] 云计算平台。[224] Huang 等人提出了软件抗衰的方法，[2] 通过清除软件系统中的异常状态来处理软件老化问题。有效解决软件老化问题的关键是要找到合适的时间进行抗衰操作。由于软件老化问题主要表现为过度的资源消耗，[100] 因此对软件系统资源消耗的时间序列预测成为学者们的研究重点。

人工神经网络(ANN)已被广泛用于预测问题。ANN 包括多层感知器、递归神经网络、极限学习机等。为了找到合适的预测模型，我们可以使用梯度下降法来获取 ANN 的参数集。人工神经网络已被应用于许多领域，不限于研究软件老化问题。该方法的运用需解决以下三方面的问题：

(1)网络结构。例如多层感知器(MLP)，是人工神经网络的网络结构之一，学者已证明，具有一个隐藏层的多层感知器可以以任意精度接近非线性函数。但是，当隐藏节点的数量过大时，会发生过度拟合的问题。

(2)连接权重的值。当模型在 ANN 上训练时，反向传播误差方法常被用作监督方法以调整不同层之间的连接权重。因此，初始值的选择对于找到连接权重的最优值并避免得到局部最优值至关重要。

(3)学习率。人工神经网络的学习率影响模型训练过程的结果。如果学习率被设置地过大，模型可能会陷入不稳定状态，无法找到合理的目标值；相反，模型可能需要大量时间才能找到网络的最终值。

为了解决"网络结构"问题，Kuremoto 等人[225]提出了一种自组织模糊神经网络和强化学习方法，通过一些输入数据来学习网络结构。

　　为了解决"连接权重的值"问题。Hinton 等[226] 提出了一种称为深度信念网络（DBN）的方法来初步训练连接网络权重的值，并采用反向传播误差法对这些参数进行监督微调。

　　本章提出了一个框架，重点关注由软件老化引起的预测问题。该框架由几个部分组成：首先，使用预处理方法对时间序列数据进行预处理；其次，采用带约束玻尔兹曼机的 DBN 来构建预测模型；最后，使用超参数搜索方法来找到适当的超参数值集。

　　由于时间序列数据，尤其是软件老化的资源消耗数据，在现实世界中具有很高的噪声和不稳定性，[227] 因此我们需要对原始数据进行预处理。时间序列数据经常会出现不适定问题，这会使学习算法在使用没有预处理数据的情况下难以建立合适的模型。不适定的问题可以通过添加一些限制（如平滑度限制）来解决。具有平滑限制的训练模型可以很好地拟合训练数据，并且具有良好的泛化能力。本章使用自组织映射网（SOM）作为一种平滑的方法在模型建立之前对训练数据进行预处理。

　　受限的玻尔兹曼机器（RBM）[228] 意味着同一层的不同节点之间没有连接。在具有一个 RBM 的 DBN 中，首先需要将数据输入到可见层中，然后通过使用隐藏的层来查找特征集。在具有 2 个 RBM 的 DBN 中，在第一个 RBM 中检测到数据特征之后，我们需要将此输出输入第二个 RBM，以找到特征的特征。第一 RBM 的输出层被视为第二 RBM 的输入层。由于具有 RBM 的 DBN 可以自动找到输入数据的特征，因此我们将其用作获取特征的方法，以预测软件老化的资源消耗。DBN 与 RBM 的连接权重首先通过无监督方法进行训练，然后通过有监督方法进行微调。在使用训练数据进行训练模型之前，需要确定超参数，例如层的节点数。考虑到选择超参数，我们采用萤火虫群优化（GSO）来自动查找具有 RBM 的 DBN 的超参数值。

　　本章所做的工作及主要贡献如下：首先，为了解决不适定的问题，我们使用了一种平滑的方法来对原始数据进行预处理；其次，我们引入了带有两个 RBM 的经过修正的 DBN 以学习预处理数据的特征，并用于预测软件老化的资源消耗；最后，我们提出了一种自动选择带有两个 RBM 的 DBN 超参数值的方法。在对资源消耗数据集进行实验分析的基础上，结果表明所提出的方法有效地遍历了结果空间，并在系统级别和应用程序级别上提供了一致且高质量的预测结果。

10.1 相关方法

随着软件系统变得越来越复杂，许多软件系统中出现了软件老化问题。随着用户应用程序动态执行需求地不断增长，资源预测技术作为解决软件老化问题的方法受到越来越多的关注。

Magalhaes 等[128]使用 ARIMA 和 Holt-Winters 来预测可用内存，然而，这些预测方法基于如下假设：数据应该是线性且无噪声的。Islam 等[229]使用了两种方法来预测资源需求。Uma 等人[230]使用了神经网络方法来预测云系统的资源消耗。为了通过人为的工作负载来收集数据，作者使用了 TPC-W 基准来获取数据集，并根据一些指标评估了预测的性能。Yakhchi 等[164]比较了七种机器学习算法在软件老化上的预测性能，发现与其他几种方法相比，多层感知器神经网络具有最佳的预测效果。Huang 等[231]提出了一种动态资源调度解决方案：首先使用 ARIMA 来预测资源，然后根据预测的资源来调度虚拟机的执行。Kaur 等[232]提出了一种资源预测方法来调度资源以进行科学计算。首先，作者对所提出的方法进行并行训练，然后根据所提出方法的输出来调度计算资源。对于资源消耗序列而言，上述研究并未考虑使用适当的自动特征选择方法来提高预测精度。

除了传统的机器学习方法，其他方法也被用于资源消耗预测。考虑到减小代价又不降低云服务质量，Kumar 等人[233]提出了一种集成学习预测方法来预测 CPU 和内存需求。实验结果表明，该方法可将预测精度提高到 99.2%。此外，Gadhavi 等[234]提出了一种基于负载的方法来预测云计算平台上的将来资源使用情况。Kaur 等[235]提出了一种通过集成特征选择和资源预测方法的集成方法。实验结果表明所提出的方法在精度上优于传统模型。Mocanu 等[236]试图评估一些算法的预测性能。基于一系列实验，他们发现条件限制玻尔兹曼机（FCRBM）具有比其他算法更好的预测性能。在本章中，我们不仅考虑了特征选择和预测问题，同样还考虑了资源消耗序列数据的预处理问题，并且提出了带有 RBM 的 DBN 框架。

10.2　基于深度信念网络的预测方法

考虑到数据预处理、预测和超参数选择，本节工作将重点放在所提出方法的总体工作流程上。本节的主要工作如下：首先，提出了一种基于 SOM 的平滑方法对原始数据序列进行预处理；其次，在平滑的数据序列之后执行差值运算；再次，提出了一种带有 RBM 的 DBN 的方法；最后，提出了一种萤火虫方法作为超参数优化方法，以找到具有 RBM 的 DBN 超参数的合适超参数。

1. 平滑方法

对于在软件系统中的资源消耗序列 $x(t)$，其中 $t = 1, 2, \cdots, T$，可以将系列数据重构为 $x(t)$，$x(t + \tau)$，$\cdots$，$x(t + n\tau)$。

$$x(t + n\tau) = \varphi(t)x(t) + \cdots + \varphi[t + (n-1)\tau]x[t + (n-1)\tau] + \varepsilon(t)$$

$$(10.1)$$

其中，$\varepsilon(t)$ 是高斯白噪声，$\varphi(t)$ 是时间 t 的权重参数。

通过给定一个学习算法，时间资源消耗序列在 $t + n\tau$ 时刻的预测值为：

$$\hat{x}(t + n\tau) = \varphi(t)x(t) + \cdots + \varphi[t + (n-1)\tau]x[t + (n-1)\tau] \quad (10.2)$$

由于离群值总是存在于时间序列数据中，由此需要对资源消耗数据进行转换以减轻离群值的影响：

$$x(t + n\tau) = \text{sign}[x(t + n\tau)](1 + \log(|x(t + n\tau)|)) \quad (10.3)$$

其中 sign 是一个符号函数，由此一个序列数据可以改写为：

$$X(t + n\tau) = (x(t + \tau), x(t + 2\tau), \cdots, x[t + (n-1)\tau]) \quad (10.4)$$

Kohonen[237] 提出了一种称为自组织映射网（SOM）的方法，这是一种无监督的方法，用于在没有任何数据先验知识情况下的数据分布研究。自组织映射网试图在原始维空间和映射维空间中维护拓扑信息。

在本章中，我们使用自组织映射网作为平滑方法，通过对数据集中的噪声和异常值进行过滤，使资源消耗序列转换为平滑序列。

使用 SOM 预处理资源消耗数据的训练过程是一个无监督的学习过程，其中，$X(t + n\tau)$ 是输入向量，使用欧几里得距离来发现 SOM 中的最佳匹配单

位(bmu):

$$\| X(t + n\tau) - w_b X(t + n\tau) \| = \min_{i \in S_t} \| X(t + n\tau) - w_i X(t + n\tau) \| \quad (10.5)$$

其中, S_t 是一个投影空间集。

为了搜索 bmu, 节点需要按如下方式进行迭代:

$$w_i X(t + n\tau) = w_i X[t + (n - 1)\tau] + \gamma(X(t + n\tau)) h_{ci}(X(t + n\tau))$$
$$[X(t + n\tau) - w_i X(t + n\tau)] \quad (10.6)$$

其中, $\gamma(X(t + n\tau))$ 是一个带有约束 $0 \leq \gamma(X(t + n\tau)) \leq 1$ 的函数, 函数 $h_{ci}(X(t + n\tau))$ 是一个近邻函数, 该函数被定义为:

$$h_{ci}(X(t + n\tau)) = \alpha(X(t + n\tau)\exp(-\| r_c(X(t + n\tau)) - r_i(X(t + n\tau)) \|^2$$
$$/2\sigma(X(t + n\tau)^2))) \quad (10.7)$$

其中 σ 是内核宽度。在学习过程中, 高斯核的宽度逐渐减小至零。为了确保结果收敛, 必须满足以下条件:

$$\lim_{t \to \infty} \int_0^t r(X(t + n\tau)) \mathrm{d}t = \infty$$
$$\lim_{t \to \infty} \int_0^t (r(X(t + n\tau)))^2 \mathrm{d}t = K, \quad K < \infty \quad (10.8)$$

2. 差分转换

在对原始序列数据进行平滑处理之后, 需要对平滑后的数据使用差分变换以降低线性程度。进行差分操作的原因在于神经网络学习对于具有线性特征的数据的学习能力较弱, 而线性因子可以通过差分变换来减小。此差分转换过程的思想在于减少数据序列中的线性相关性。差分操作可定义为:

$$x_d(t) = x(t) - x(t - \mathrm{d}\tau) \quad (10.9)$$

其中 d 为差分算子。

$x_d(t)$ 用于训练带有 RBM 的 DBN, 以进行预测:

$$\hat{x}(t) = \hat{x}_d(t) + \hat{x}(t - \mathrm{d}\tau) \quad (10.10)$$

3. 具有 RBM 的 DBN

DBN 由几个堆叠的 RBM 组成, 如图 10.1 所示。RBM1 的输出是 RBM 2 的输入，与传统的人工神经网络相比，DBN 使用分层无监督学习方法来预训练初始权重和偏差；之后，需要使用监督学习方法来微调网络并最大程度地减少误差。

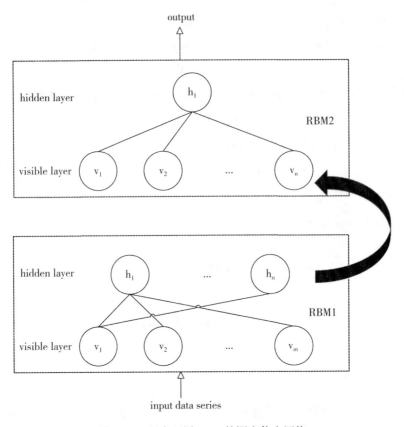

图 10.1　具有两层 RBM 的深度信念网络

　　RBM 是由两层神经元组成的随机网络，包括可见层和隐藏层。可见层是输入层，而隐藏层则尝试从可见层中查找数据特征以获得分布概率。[238] 该网络可以视为受限网络，因为一个级别的神经元仅连接到另一级别的神经元，连接可以是对称和双向的，信息可以在两个方向上传输。[239] RBM 的一个示例如图 10.2 所示，其中 m 是可见层的神经元数量（v_1，…，v_m），n 是隐藏的神经元数量（h_1，…，h_n），a 和 b 是偏差矢量，W 是权重矩阵。

　　可见层形成第一层，隐藏层模型负责发现组件之间的依赖关系。RBM 是一种基于能量的模型，由式（10.11）和式（10.12）中定义的熵函数决定。

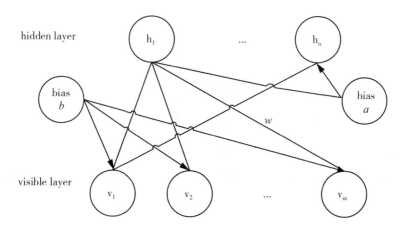

（注：hidden layer，h_1 ... h_n，bias b，bias a，w，visible layer，v_1 v_2 ... v_m）

图 10.2 具有单层 RBM 的深度信念网络示例

$$E(v, h) = -h^\mathrm{T}Wv - a^\mathrm{T}v - b^\mathrm{T}h \tag{10.11}$$

其中 v 是输入向量的状态，h 是特征向量的状态。

$$E(v, h) = -\sum_{i=1, j=1}^{m, n} v_i h_j w_{i, j} - \sum_{i=1}^{m} a_i v_i - \sum_{j=1}^{n} b_j h_j \tag{10.12}$$

其中 v_i 是输入 i 的状态，h_j 是特征 j 的状态，并且 b_i 和 b_j 是偏差。使用此熵函数，概率分布可以被描述为：

$$p(v, h) = \frac{e^{-E(v, h)}}{\sum_{v, h} e^{-E(v, h)}} \tag{10.13}$$

可见层矢量的概率可以被描述为：

$$p(v) = \frac{\sum_{h} e^{-E(v, h)}}{\sum_{v, h} e^{-E(v, h)}} \tag{10.14}$$

受限 Boltzmann 机在同一层上没有连接，因此条件概率可表示为：

$$p(h \mid v) = \prod_{j} p(h_j \mid v) \tag{10.15}$$

$$p(v \mid h) = \prod_{i} p(v_i \mid h) \tag{10.16}$$

最初的 RBM 被用于解决二进制数据的问题，二进制数据概率分布可以通过式(10.17) 和式(10.18) 来求解：

$$P(h_j = 1 \mid v) = \mathrm{sig}(b_j + \sum_{i=1}^{m} v_i w_{i, j}) \tag{10.17}$$

$$P(v_i = 1 \mid h) = \text{sig}(a_i + \sum_{j=1}^{n} h_j w_{i,j}) \qquad (10.18)$$

其中 sig 是 S 型函数。

考虑到连续数据，可以将概率分布方程修改为：

$$P(h_j = 1 \mid v) = \text{sig}(b_j + \frac{1}{\sigma^2} \sum_{i=1}^{m} v_i w_{i,j}) \qquad (10.19)$$

$$P(v_i = 1 \mid h) = G(a_i + \sum_{j=1}^{n} h_j w_{i,j}, \ \sigma^2) \qquad (10.20)$$

其中，G 是高斯分布函数，σ^2 通常设为 1。

在 RBM 中，需要先设置一些参数：连接权重和偏差。在训练过程中需最大程度地减少对数的值：

$$\Delta w_{i,j} = \mu \frac{\partial \log P(v)}{\partial w_{i,j}} = \mu \langle v_i, h_j \rangle_d - \langle v_i, h_j \rangle_m \qquad (10.21)$$

其中 μ 是学习率，$\langle , \rangle$ 是期望值，对于二进制数据的数据可以通过式（10.17）和式（10.18）进行计算；对于连续数据的数据可以通过式（10.19）和式（10.20）来获得。由于模型的期望值很难求得，因此我们采用对比散度算法作为良好的随机逼近方法。[240] 权重和偏差可以按照式（10.22），式（10.23），式（10.24）进行更新：

$$\Delta w_{i,j} = \mu \langle \frac{v_i, h_j}{\sigma^2} \rangle_d - \langle \frac{v_i, h_j}{\sigma^2} \rangle_m \qquad (10.22)$$

$$\Delta a_i = \mu \langle \frac{v_i}{\sigma^2} \rangle_d - \langle \frac{v_i}{\sigma^2} \rangle_m \qquad (10.23)$$

$$\Delta b_j = \mu \langle \frac{h_j}{\sigma^2} \rangle_d - \langle \frac{h_j}{\sigma^2} \rangle_m \qquad (10.24)$$

本章所提出的方法操作步骤可总结如下：

步骤 1：初始化 RBM 的连接权重和偏差。

步骤 2：准备输入时间序列数据。差分转换的输出是所用序列数据的初始输入。设置 $\langle v_i \rangle_d$ 为重建序列的输入，y 为序列数据的输出。

步骤 3：设置停止条件。重复步骤 3.1 到步骤 3.6。

步骤 3.1：根据式（10.19）对隐藏层的神经元进行更新。

步骤 3.2：根据式（10.20）对可见层的神经元进行更新。

步骤 3.3：根据式（10.19）对隐藏层的神经元进行更新。

步骤 3.4：根据式(10.22)更新权重。

步骤 3.5：根据式(10.23)更新偏差 a。

步骤 3.6：根据式(10.24)更新偏差 b。

步骤 4：使 RBM1 的输出层为 RBM2 的第一层。对 RBM2 重复步骤 1 到步骤 3。

步骤 5：通过使用 BP 方法[241]来微调每个 RBM 的权重，直到满足算法训练停止标准。

4. 超参数搜索

神经网络的结构设计需要满足处理对象的要求。在将模型用于实际问题分析之前，需要确定诸如神经网络的层数之类的超参数。通常，这些超参数可以通过网格搜索的方法获得，最优值可以通过交叉验证的方法确定。然而，这种方式不能保证找到超参数的最优值。本章使用萤火虫群优化方法来找到超参数的最优值。在 GSO 中，萤火虫与萤光素相互作用，每个萤火虫的位置都意味着一种解决方案。如果某个萤火虫的萤光素值较高，则萤火虫会向该萤火虫移动。然而，萤光素会随时间的流逝而减少。RBM1 的第一层拥有 n 个节点，RBM1 的第二层拥有 m 个节点。RBM2 的隐藏层拥有 1 个节点。考虑到 RBM 的超参数设置问题，萤火虫被设计为三维向量，其中 $n=1, 2, \cdots, n$，$m=1, 2, \cdots, m$，μ 介于 0 和 1 之间。这样的萤火虫种群很容易具有足够的大小 P(其中，$P=1, 2, \cdots, P$)。使用萤火虫算法可以获取 DBN 的结构。为了使用 GSO 获得参数值，需执行以下几个步骤：

步骤 1：确定萤火虫的种群数量和迭代时间。

步骤 2：对每个萤火虫进行 n, m, μ 初始化操作。

步骤 3：计算训练数据集的观测值和估计值之间的均方根误差，找到萤火虫的最佳位置和整群萤火虫的最佳位置。

步骤 4：定义优化函数并使用以下方程式执行迭代。

$$l_i^{(j)} = (1 - \rho) l_i^{(j-1)} + \gamma f(f_i^{(j)}(n, m, \mu)) \tag{10.25}$$

其中，$f_i^{(j)}(n, m, \mu)$ 是萤火虫 i 在第 j 次迭代的优化目标，$l_i^{(j)}$ 是萤火虫 i 在第 j 次迭代的荧光素值，ρ 是介于 0 和 1 之间的常数，γ 是挥发性因子。

步骤 5：在动态决策域中将一个萤火虫的荧光素值与其他萤火虫的荧光素值进行比较，并找到一个邻居集合 $r_i^{(j)}(d)$，在该集合中这些萤火虫的荧光素值较高。

步骤 6：选择萤火虫，以在步骤 5 之后为每个萤火虫移动：

$$\mathrm{argmax}(p_{i1}^{(j)}, \ p_{i2}^{(j)}, \ \cdots, \ p_{il}^{(j)}, \ \cdots, \ p_{iN_i}^{(j)}) \tag{10.26}$$

其中 $p_{il}^{(j)} = \dfrac{l_l^{(j)} - l_i^{(j)}}{\displaystyle\sum_{k \in N_i}(l_k^{(j)} - l_i^{(j)})}$，$N_i$ 是与萤火虫 i 最近的邻居的数目。

步骤 7：更新优化函数的值。

$$\begin{aligned}
f_i^{(j+1)}(n, \ m, \ \mu) &= f_i^{(j)}(n, \ m, \ \mu) \\
&+ s\left(\frac{f(x_l^{(j)}(n, \ m, \ \mu)) - f(x_l^{(i)}(n, \ m, \ \mu))}{\| f(x_l^{(j)}(n, \ m, \ \mu)) - f(x_l^{(i)}(n, \ m, \ \mu)) \|}\right)
\end{aligned} \tag{10.27}$$

其中 s 是介于 0 和 1 之间的常数。

步骤 8：在更新式(10.27)的值后，可以通过以下方式更新决策域：

$$r_i^{(j+1)}(d) = \min\{r_s, \ \max\{0, \ r_i^{(j)}(d), \ \beta(n_t - |N_i^{(j)}|)\}\} \tag{10.28}$$

其中 r_s 表示荧光素的感知域。

步骤 9：返回步骤 3。

5. 性能评价

本章使用的性能评估方法包含了三种类型的度量标准：平均绝对误差（MAE），RMSE 和 R^2（决定系数）。

$$\mathrm{MAE} = \frac{\displaystyle\sum_{i=1}^{m} |\hat{y}^{(i)} - y^{(i)}|}{m} \tag{10.29}$$

$$\mathrm{RMSE} = \sqrt{\frac{\displaystyle\sum_{i=1}^{m} (\hat{y}^{(i)} - y^{(i)})^2}{m}} \tag{10.30}$$

$$R^2 = \frac{\displaystyle\sum_{i=1}^{m} (\hat{y}^{(i)} - \bar{y}^{(i)})^2}{\displaystyle\sum_{i=1}^{m} (y^{(i)} - \bar{y}^{(i)})^2} \tag{10.31}$$

其中，y 是观测值，$\hat{y}$ 是拟合值，$\bar{y}$ 是平均值。

10.3 实验

本节针对收集的数据集进行了一系列实验,这些数据集是从一个正在运行的商业软件系统中收集的,该系统包含一个数据库服务器和一个 Web 服务器。软件系统上正在运行的应用程序包括在线医院注册系统,医疗保健信息系统等。笔者收集了大约 6 个月的数据,并将其中 1 个用作我们的实验数据。使用的数据集数量为 40312 个,采样频率限定为每分钟采样一次。为了验证我们所提出的方法,首先,本书选择两个关键的资源消耗参数:操作系统级别的可用内存和软件应用程序级别的堆内存作为时间序列变量。其次,本书将收集的数据用于训练我们所提出的方法。最后,本书将所提出的方法与其他方法的结果进行比较:具有三层的 MLP,ARIMA 和随机森林(RM)。在以下两个实验中,我们使用的人工神经网络是三层 MLP。为了评估我们所提出的方法的性能,我们使用式(10.29)作为评估预测性能的指标。

1. 可用内存的预测

为了验证所提出的方法,本书将使用的数据集分为两个数据集:用于训练的数据集,占所有数据的 70%;用于验证的数据集,占所有数据的 30%。所提出的方法需要对两类超参数进行指定:一种是带有 RBM 的 DBN 的超参数,另一种是 GSO 的超参数。表 10.1 给出了本书所使用的超参数的值。ARIMA 的参数如下:自回归的阶数为 5,差分的值为 7,移动平均值的阶数为 3,缩写为 ARIMA(5,7,3)。三层 MLP 的参数如下:输入层的节点数为 8,隐藏层的节点数为 10,输出层的节点数为 1,缩写为 MLP(8,10,1)。随机森林包含 100 棵树。经过 300 次迭代运行后,在训练阶段所提出的方法的观测值和拟合值结果如图 10.3 所示。在验证过程中,所提出的方法的观测值和预测值结果如图 10.4 所示。

从图 10.3 和图 10.4 中可以看到,无论是在训练数据集中还是在验证数据集中,所提出的方法都可以很好地拟合观察到的数据序列。

表 10.1　　　　　　　　可用内存预测中所提出方法的参数值

参数	描述	值
RBM1 and RBM2	RBM 的数量	2
M	输入层的节点数	由 GSO 决定
N	隐藏层的节点数	由 GSO 决定
—	输出层的节点数 r	1
—	BP 的迭代时间	[100, 2000]
τ	输入数据间隔	1
μ	RBM 学习率	由 GSO 决定
—	BP 的学习率	由 GSO 决定
ρ	萤光素的衰减值	0.3
γ	荧光素增强值	0.2
β	动态局部决策域的刷新率值	0.13
s	位置衰减值	0.06
l_0	萤火虫的萤光素水平的初始值	15
n_t	萤火虫的邻居数	6
—	萤火虫的种群规模	[10, 100]
—	GSO 的迭代次数	[100, 500]

此外，图 10.5，图 10.6 和图 10.7 给出了 MLP，ARIMA 和 RM 在验证阶段的预测情况。在图 10.5 中，MLP 在第 34000 分钟之前的预测性能很差。在图 10.6 中，ARIMA 可用内存的预测性能在三个模型中排名第二。在图 10.7 中，RM 的预测性能比 ARIMA 的预测性能稍差。通过观察所有方法的拟合结果，我们可以看到所提出的方法在验证阶段中的可用内存的预测性能在所有模型中是最好的。

为了定量验证所提出的方法，表 10.2 给出了详细的统计结果。对于处于训练阶段的 MAE，MLP 的拟合结果最差，而具有两个 RBM 的 DBN 的值在三个模型中最小。对于处于测试阶段的 MAE 来说，带有两个 RBM 的 DBN 值为 4.338，

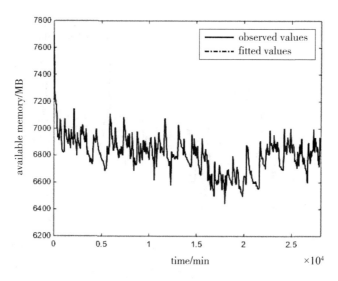

图 10.3　训练过程中具有两层 RBM 的 DBN 可用内存拟合

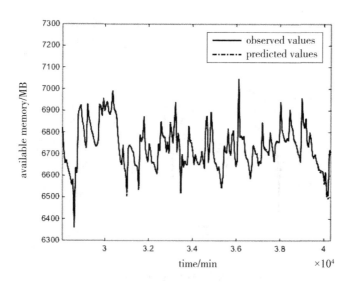

图 10.4　验证过程中具有两层 RBM 的 DBN 可用内存预测

这是所有模型中的最小值。与 MAE 相似，具有两个 RBM 的 DBN 的预测性能优于 RMSE 的其他模型。在 R^2 中，尽管 MLP 的 R^2 在训练阶段为 0.933，但其在验证阶段的值仅为 0.586。而且，在验证阶段，所提出的方法在 MAE 方面的性能较

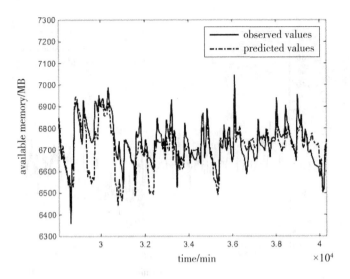

图 10.5　验证阶段 MLP 的可用内存预测结果

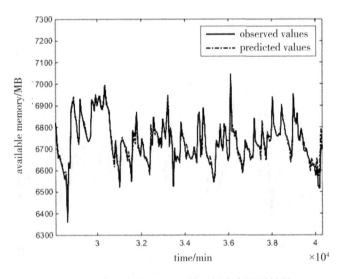

图 10.6　验证阶段 ARIMA 的可用内存预测结果

ARIMA 提高了 81.5%，在 RMSE 方面的性能较 ARIMA 提高了 88%。因此，尽管集成学习算法(随机森林)在训练和验证阶段具有更好的性能，但具有两个 RBM 的 DBN 提高了可用内存预测的准确性。实验结果还表明，通过所提出的框架可以改善可用内存的预测结果。

224

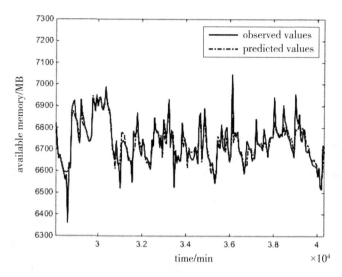

图 10.7　验证阶段 RM 的可用内存预测结果

表 10.2　　具有两个 RBM 的 DBN 与其他方法之间的预测性能比较

方法	训练阶段			验证阶段		
	MAE	RMSE	R^2	MAE	RMSE	R^2
DBN with RBMs	0.765	6.322	0.998	3.524	4.338	0.999
MLP	22.734	135.688	0.933	61.831	84.578	0.586
ARIMA	9.559	22.216	0.971	19.082	36.289	0.881
RM	11.232	23.417	0.965	21.186	37.239	0.873

2. 堆内存的预测

堆内存的预测类似于可用内存的预测，训练和验证数据集分别占整个数据集的 70% 和 30%。

所提出的方法包含两种超参数：一种是带有 RBM 的 DBN 的超参数，另一种是 GSO 的超参数。表 10.3 给出了超参数的值表示。ARIMA 的参数设置如下：自回归的阶数为 4，差分的值为 3，移动平均的阶数为 6，缩写为 ARIMA(4，3，6)。三层 MLP 的参数如下：输入层 q 的节点数为 7，隐藏层 p 的节点数为 16，输出层的节点数为 1，缩写为 MLP(7，16，1)。随机森林有 100 棵树。考虑到堆内存的特性，进行 200 次迭代运行，我们所提出的方法在训练阶段的观测值和拟合值结果如图 10.8 所示。在验证过程中，我们所提出的方法的观测值和预测值结果如图 10.9 所示。

表 10.3　　　　　　　　　堆内存预测中所提出方法的参数值

参数	描述	值
RBM1 and RBM2	RBM 的数量	2
M	输入层的节点数	decided by GSO
N	隐藏层的节点数	decided by GSO
—	输出层的节点数 r	1
—	BP 的迭代时间	[100, 2000]
τ	输入数据间隔	1
μ	RBM 学习率	decided by GSO
—	BP 的学习率	decided by GSO
ρ	萤光素的衰减值	0.7
γ	荧光素的增强值	0.4
β	动态局部决策域的刷新率值	0.34
s	位置的衰减值	0.08
l_0	萤火虫的萤光素水平的初始值	12
n_t	萤火虫的邻居数	8
—	萤火虫的种群规模	[10, 100]
—	GSO 的迭代次数	[100, 500]

在图 10.8 中，观察值和拟合值几乎无法区分，同样的结果也出现在图 10.9 中，因此本书所提出的方法适用于堆内存的预测。

在验证阶段中，我们还将所提出的方法与 MLP，ARIMA 和 RM 进行了比较，具体如图 10.10、图 10.11 和图 10.12 所示。在图 10.10 中，MLP 的预测性能与具有两个 RBM 的 DBN 几乎相同。在图 10.11 中，ARIMA 的预测性能比其他两个模型的预测性能差。在图 10.12 中，RM 的预测值与观测值非常接近，因此仅通

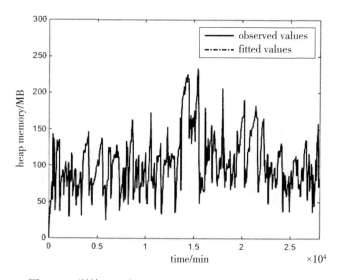

图 10.8　训练过程中具有两层 RBM 的 DBN 堆内存拟合

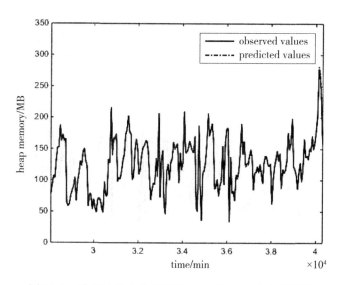

图 10.9　验证过程中具有两层 RBM 的 DBN 堆内存预测

过观察图 10.9、图 10.10 和图 10.12 无法区分具有两个 RBM 的 DBN，MLP 和 RM 的预测性能差异。

表 10.4 给出了不同方法在堆内存预测性能上的结果比较。对于具有两个

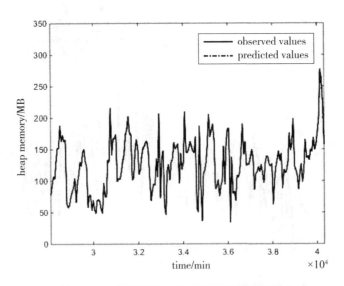

图 10.10　验证阶段 MLP 的堆内存预测结果

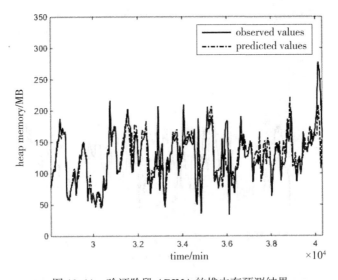

图 10.11　验证阶段 ARIMA 的堆内存预测结果

RBM 的 DBN，其 R^2 在训练阶段达到 0.99，在验证阶段达到 0.999。对于 RM，其 RMSE 在训练过程中为 0.711，在验证过程中为 3.232，在所有模型中预测性能排名第三。对于 ARIMA 而言，其 MAE 在训练过程中是所有模型中最大的，并且该

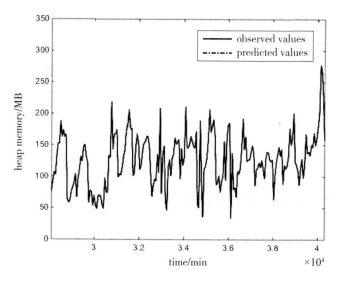

图 10.12   验证阶段 RM 的堆内存预测结果

指标值在验证过程中也具有相同的排序。在四个模型中，我们所提出的方法与预测性能排名第二的 MLP 相比，RMSE 提升了 28.8%，R^2 更是达到 0.999，这意味着具有两个 RBM 的 DBN 比 MLP 更容易拟合数据的特征。验证阶段的实验结果表明，所提出的方法可以有效地优化可用内存的预测结果。

表 10.4 　　　具有两个 RBM 的 DBN 与其他方法的预测性能比较

方法	训练阶段			验证阶段		
	MAE	RMSE	R^2	MAE	RMSE	R^2
DBN with RBMs	0.134	0.396	0.999	1.127	2.236	0.999
MLP	0.287	0.539	0.996	1.013	3.142	0.994
ARIMA	5.439	9.187	0.943	17.527	28.477	0.610
RM	0.352	0.711	0.995	1.211	3.232	0.992

基于以上实验结果，我们认为本章所提出的方法是一种具有 RBM 的 DBN 结合预训练和超参数学习算法 GSO 的预测模型，其预测结果优于其他传统方法的预测结果。

10. 4　小结

在本章中，我们针对资源消耗的预测问题，提出了一个优化方法，以提高对软件老化的预测效果。通过考虑深度学习网络，我们提出了一个框架来准确预测两个级别的资源消耗情况。首先，我们提出了一种基于 SOM 的预处理方法，它可以对原始数据进行平滑处理，并从预处理数据中去除线性特征。其次，在 DBN 中，我们使用高斯分布函数来代替用于二进制数据问题的 S 型函数，并使用两个 RBM 来预测资源消耗。为了找到 RBM 结构的最优匹配，我们使用了 GSO 算法。

参 考 文 献

［1］Cheat sheet: everything you wanted to know about Web performance but were afraid to ask［EB/OL］. ［2010-06-15］. http: //www. Webperformancetoday. com/2010/06/15/everything-you-wanted-to-know-about-Web-performance/.

［2］Huang Y, Kintala C, Kolettis N, et al. Software rejuvenation: analysis, module and applications ［C］//IEEE. Twenty-Fifth International Symposium on Fault-Tolerant Computing. Pasadena: IEEE, 1995: 381-390.

［3］Grottke M, Matias R, Trivedi K S. The fundamentals of software aging［C］//IEEE. International Conference on Software Reliability Engineering Workshops. Seattle: IEEE, 2008: 1-6.

［4］Bernstein L, Kintala C M R. Software rejuvenation［J］. CrossTalk, 2004, 17(8): 23-26.

［5］Avritzer A, Weyuker E. Monitoring smoothly degrading systems for increased dependability［J］. Empirical Software Eng. J. , 1997, 2(1): 59-77.

［6］Jia Y F, Su J Y, Cai K Y. A feedback control approach for software rejuvenation in a web server ［C］//IEEE. International Conference on Software Reliability Engineering Workshops. Seattle: IEEE, 2008: 1-6.

［7］Dean D J, Nguyen H, Gu X. UBL: unsupervised behavior learning for predicting performance anomalies in virtualized cloud systems［C］//ACM. Proceedings of the 9th International Conference on Autonomic Computing. New York: ACM, 2012: 191-200.

［8］Bovenzi A, Cotroneo D, Pietrantuono R, et al. On the aging effects due to concurrency bugs: a case study on MySQL ［C］//IEEE. 23rd International

Symposium on Software Reliability. Dallas: IEEE, 2012: 211-220.

[9] Marshall E. Fatal error: how patriot overlooked a scud[J]. Science, 1992, 255 (5050): 1347.

[10] Grottke M, Trivedi K S. Software faults, software aging and software rejuvenation [J]. Journal of the Reliability Association of Japan, 2005, 27(7): 425-438.

[11] Grottke M, Trivedi K S. Fighting bugs: remove, retry, replicate and rejuvenate [J]. IEEE Computer, 2007, 40(2): 107-109.

[12] Bernstein L. Innovative technologies for preventing network outages[J]. AT&T Technical Journal, 1993, 72(4): 4-10.

[13] Garg S, Puliafito A, Telek M, et al. Analysis of preventive maintenance in transactions based software systems[J]. IEEE Transactions on Computers, 1998, 47(1): 96-107.

[14] Okamura H, Luo C, Dohi T. Estimating response time distribution of server application in software aging phenomenon [C]//IEEE. 2013 IEEE International Symposium on Software Reliability Engineering Workshops. Pasadena: IEEE, 2013: 281-284.

[15] Xie W, Hong Y, Trivedi K. Analysis of a two-level software rejuvenation policy [J]. Reliability Engineering & System Safety, 2005, 87(1): 13-22.

[16] Vaidyanathan K, Trivedi K S. A comprehensive model for software rejuvenation [J]. IEEE Transactions on Dependable and Secure Computing, 2005, 2(2): 124-137.

[17] Okamura H, Dohi T. A pomdp formulation of multistep failure model with software rejuvenation[C]//IEEE. 2011 IEEE Third International Workshop on Software Aging and Rejuvenation. Hiroshima: IEEE, 2011: 14-19.

[18] Xie W, Hong Y, Trivedi K S. Software rejuvenation policies for cluster systems under varying workload [C]//IEEE. 10th IEEE Pacific Rim International Symposium on Dependable Computing. Papeete: IEEE, 2004: 122-129.

[19] Hla Myint M T, Thein T. Availability improvement in virtualized multiple servers with software rejuvenation and virtualization [C]//IEEE. 2010 Fourth

International Conference on Secure Software Integration and Reliability Improvement. Singapore: IEEE, 2010: 156-162.

[20] Kourai K, Chiba S. A fast rejuvenation technique for server consolidation with virtual machines[C]//IEEE. 37th Annual IEEE/IFIP International Conference on Dependable Systems and Networks. Edinburgh: IEEE, 2007: 245-255.

[21] Du X, Qi Y, Hou D, et al. Modeling and performance analysis of software rejuvenation policies for multiple degradation systems[C]//IEEE. 33rd Annual IEEE International Computer Software and Applications Conference. Seattle: IEEE, 2009: 240-245.

[22] Kourai K, Chiba S. Fast software rejuvenation of virtual machine monitors[J]. IEEE Transactions on Dependable and Secure Computing, 2011, 8(6): 839-851.

[23] Wang D, Xie W, Trivedi K S. Performability analysis of clustered systems with rejuvenation under varying workload[J]. Performance Evaluation, 2007, 64(3): 247-265.

[24] Salfner F, Wolter K. Analysis of service availability for time-triggered rejuvenation policies[J]. Journal of Systems and Software, 2010, 83(9): 1579-1590.

[25] Andrade E C, Machida F, Kim DS, et al. Modeling and analyzing server system with rejuvenation through SysML and stochastic reward nets[C]//IEEE. 2011 Sixth International Conference on Reliability and Security. Vienna: IEEE, 2011: 161-168.

[26] Eto H, Dohi T, Ma J. Simulation-based optimization approach for software cost model with rejuvenation[J]. Autonomic and Trusted Computing, 2008, 5060: 206-218.

[27] Monit. http://mmonit.com/monit/.

[28] Ganglia. http://ganglia.sourceforge.net/.

[29] Munin. http://munin-monitoring.org/.

[30] Nagios. http://www.nagios.org/.

[31] Garg S, Van Moorsel A, Vaidyanathan K, et al. A methodology for detection and estimation of software aging[C]//IEEE. The Ninth International Symposium on

Software Reliability Engineering. Paderborn: IEEE, 1998: 283-292.

[32] Machida F, Andrzejak A, Matias R, et al. On the effectiveness of Mann-Kendall test for detection of software aging [C]//IEEE. 2013 IEEE International Symposium on Software Reliability Engineering Workshops. Pasadena: IEEE, 2013: 269-274.

[33] Li L, Vaidyanathan K, Trivedi K S. An approach for estimation of software aging in a web server[C]//IEEE. 2002 International Symposium on Empirical Software Engineering. Nara: IEEE, 2002: 91-100.

[34] Grottke M, Li L, Vaidyanathan K, et al. Analysis of software aging in a web server [J]. IEEE Transactions on Reliability, 2006, 55(3): 411-420.

[35] Araujo J, Matos R, Maciel P, et al. Software rejuvenation in eucalyptus cloud computing infrastructure: a method based on time series forecasting and multiple thresholds [C]//IEEE. 2011 IEEE Third International Workshop on Software Aging and Rejuvenation. Hiroshima: IEEE, 2011: 38-43.

[36] Hoffmann G A, Trivedi K S, Malek M. A best practice guide to resource forecasting for computing systems[J]. IEEE Transactions on Reliability, 2007, 56 (4): 615-628.

[37] Cotroneo D, Natella R, Pietrantuono R, et al. Software aging analysis of the Linux operating system [C]//IEEE. 2010 IEEE 21st International Symposium on Software Reliability Engineering. San Jose: IEEE, 2010: 71-80.

[38] Cotroneo D, Orlando S, Pietrantuono R, et al. A measurement-based aging analysis of the JVM[J]. Software Testing, Verification and Reliability, 2013, 23 (3): 199-239.

[39] Cassidy K J, Gross K C, Malekpour A. Advanced pattern recognition for detection of complex software aging phenomena in online transaction processing servers [C]//IEEE. International Conference on Dependable Systems and Networks. Washington: IEEE, 2002: 478-482.

[40] Alonso J, Belanche L, Avresky D R. Predicting software anomalies using machine learning techniques [C]//IEEE. 2011 10th IEEE International Symposium on

Network Computing and Applications. Cambridge: IEEE, 2011: 163-170.

[41] Matias R. An experimental study on software aging and rejuvenation in web servers [C]//IEEE. 30th Annual International Computer Software and Applications Conference. Chicago: IEEE, 2006: 189-196.

[42] Silva L M, Alonso J, Silva P, et al. Using virtualization to improve software rejuvenation[J]. IEEE Transactions on Computers, 2009, 58(11): 1525-1538.

[43] Shereshevsky M, Crowell J, Cukic B, et al. Software aging and multifractality of memory resources[C]//IEEE. 43rd Annual IEEE/IFIP International Conference on Dependable Systems and Networks. San Francisco: IEEE, 2003: 721.

[44] Andrzejak A, Silva L. Deterministic models of software aging and optimal rejuvenation schedules[C]//IEEE. 10th IFIP/IEEE International Symposium on Integrated Network Management. Munich: IEEE, 2007: 159-168.

[45] Bao Y, Sun X, Trivedi K S. A workload-based analysis of software aging and rejuvenation[J]. IEEE Transactions on Reliability, 2005, 54(3): 541-548.

[46] Bovenzi A, Cotroneo D, Pietrantuono R, et al. Workload characterization for software aging analysis[C]//IEEE. 2011 IEEE 22nd International Symposium on Software Reliability Engineering. Hiroshima: IEEE, 2011: 240-249.

[47] Zhao J, Trivedi K S, Wang Y B, et al. Evaluation of software performance affected by aging [C]//IEEE. 2010 IEEE Second International Workshop on Software Aging and Rejuvenation. San Jose: IEEE, 2010: 1-6.

[48] Kim D S, Yang C S, Park J S. Adaptation mechanisms for survivable sensor networks against denial of service attack[C]//IEEE. The Second International Conference on Availability, Reliability and Security. Vienna: IEEE, 2007: 575-579.

[49] Vaidyanathan K, Trivedi K S. A measurement-based model for estimation of resource exhaustion in operational software systems[C]//IEEE. 10th International Symposium on Software Reliability Engineering. Boca Raton: IEEE, 1999: 84-93.

[50] Weimer W. Exception-handling bugs in Java and a language extension to avoid them[M]//Dony C, Knudsen J L, Romanovsky A, et al. Advanced topics in

exception handling techniques. Berlin: Springer Berlin Heidelberg, 2006, 22-41.

[51] Zhang H, Wu G, Chow K, et al. Detecting resource leaks through dynamical mining of resource usage patterns[C]//IEEE. 2011 IEEE/IFIP 41st International Conference on Dependable Systems and Networks Workshops. Hong Kong: IEEE, 2011: 265-270.

[52] Tsai T, Vaidyanathan K, Gross K. Low-overhead run-time memory leak detection and recovery [C]//IEEE. 12th Pacific Rim International Symposium on Dependable Computing. Riverside: IEEE, 2006: 329-340.

[53] Cotroneo D, Orlando S, Russo S. Characterizing aging phenomena of the Java virtual machine [C]//IEEE. 26th IEEE International Symposium on Reliable Distributed Systems. Beijing: IEEE, 2007: 127-136.

[54] Zhao J, Jin Y L, Trivedi K S, et al. Injecting memory leaks to accelerate software failures [C]//IEEE. 2011 IEEE 22nd International Symposium on Software Reliability Engineering. Hiroshima: IEEE, 2011: 260-269.

[55] Matias R, Costa B E, Macedo A. Monitoring memory-related software aging: an exploratory study [C]//IEEE. 2012 IEEE 23rd International Symposium on Software Reliability Engineering Workshops. Dallas: IEEE, 2012: 247-252.

[56] Carrozza G, Cotroneo D, Natella R, et al. Memory leak analysis of mission-critical middleware[J]. Journal of Systems and Software, 2010, 83(9): 1556-1567.

[57] Ferreira T B, Matias R, Macedo A, et al. An experimental study on memory allocators in multicore and multithreaded applications [C]//IEEE. 12th International Conference on Parallel and Distributed Computing. Gwangju: IEEE, 2011: 92-98.

[58] Silva L, Madeira H, Silva J G. Software aging and rejuvenation in a SOAP-based server[C]//IEEE. Fifth IEEE International Symposium on Network Computing and Applications. Cambridge: IEEE, 2006: 56-65.

[59] Macedo A, Ferreira T B, Matias R. The mechanics of memory-related software aging[C]//IEEE. 2010 IEEE Second International Workshop on Software Aging and Rejuvenation. San Jose: IEEE, 2010: 1-5.

[60] Tai A T, Alkalai L, Chau S N. On-board preventive maintenance: a design-oriented analytic study for long-life applications [J]. Performance Evaluation, 1999, 35(3): 215-232.

[61] Grottke M, Nikora A P, Trivedi K S. An empirical investigation of fault types in space mission system software [C]//IEEE. 2010 IEEE/IFIP International Conference on Dependable Systems and Networks. Chicago: IEEE, 2010: 447-456.

[62] Balakrishnan M, Puliafito A, Trivedi K, et al. Buffer losses VS. deadline violations for ABR traffic in an ATM switch: a computational approach [J]. Telecom-munication Systems, 1997, 7(1): 105-123.

[63] Liu Y, Trivedi K S, Ma Y, et al. Modeling and analysis of software rejuvenation in cable modem termination systems [C]//IEEE. 13th International Symposium on Software Reliability Engineering. Annapolis: IEEE, 2002: 159-170.

[64] Liu Y, Ma Y, Han J J, et al. A proactive approach towards always-on availability in broadband cable networks [J]. Computer Communications, 2005, 28(1): 51-64.

[65] Okamura H, Miyahara S. Rejuvenating communication network system under burst arrival circumstances [J]. IEICE Transactions on Communications, 2005, 88 (12): 4498-4506.

[66] Yoshimura T, Yamada H, Kono K. Can Linux berejuvenated without reboots? [C]//IEEE. 2011 IEEE Third International Workshop on Software Aging and Rejuvenation. Hiroshima: IEEE, 2011: 50-55.

[67] Bovenzi A, Alonso J, Yamada H, et al. Towards fast OS rejuvenation: an experimental evaluation of fast OS reboot techniques [C]//IEEE. 2013 IEEE 24th International Symposium on Software Reliability Engineering. Pasadena: IEEE, 2013: 61-70.

[68] Ni Q, Sun W, Ma S. Memory leak detection in Sun Solaris OS [C]// IEEE. International Symposium on Computer Science and Computational Technology. Shanghai: IEEE, 2008: 703-707.

[69] Robb D. Defragmenting really speeds up Windows NT machines [J]. IEEE Spectrum, 2000, 37(9): 74-77.

[70] Park J, Choi B. Automated memory leakage detection in Android based systems [J]. International Journal of Control and Automation, 2012, 5(2): 35-42.

[71] Huang Y, Arsenault D, Sood A. SCIT-DNS: critical infrastructure protection through secure DNS server dynamic updates[J]. Journal of High Speed Networks, 2006, 15(1): 5-19.

[72] Antunes J, Neves N F, Veríssimo P J. Detection and prediction of resource-exhaustion vulnerabilities[C]//IEEE. 19th International Symposium on Software Reliability Engineering. Seattle: IEEE, 2008: 87-96.

[73] Machida F, Nicola V F, Trivedi K S. Job completion time on a virtualized server subject to software aging and rejuvenation [C]//IEEE. 2011 IEEE Third International Workshop on Software Aging and Rejuvenation. Hiroshima: IEEE, 2011: 44-49.

[74] Yamakita K, Yamada H, Kono K. Lightweight recovery form kernel failures using phase-based reboot [J]. Information and Media Technologies, 2012, 7(2): 639-650.

[75] Alonso J, Matias R, Vicente E, et al. A comparative evaluation of software rejuvenation strategies[C]//IEEE. 2011 IEEE Third International Workshop on Software Aging and Rejuvenation. Hiroshima: IEEE, 2011: 26-31.

[76] Kourai K. Cachemind: fast performance recovery using a virtual machine monitor [C]//IEEE. 2010 International Conference on Dependable Systems and Networks Workshops. Chicago: IEEE, 2010: 86-92.

[77] Machida F, Kim D S, Trivedi K S. Modeling and analysis of software rejuvenation in a server virtualized system [C]//IEEE. 2010 IEEE Second International Workshop on Software Aging and Rejuvenation. San Jose: IEEE, 2010: 1-6.

[78] Avritzer A, Bondi A, Weyuker E J. Ensuring system performance for cluster and single server systems [J]. Journal of Systems and Software, 2007, 80(4): 441-454.

[79] Jain M. Availability analysis of software rejuvenation in active/standby cluster system[J]. International Journal of Industrial and Systems Engineering, 2015, 19 (1): 75-93.

[80] Park K, Kim S. Availability analysis and improvement of active/standby cluster systems using software rejuvenation[J]. Journal of Systems and Software, 2002, 61(2): 121-128.

[81] Silva L M, Alonso J, Silva P, et al. Using virtualization to improve software rejuvenation [C]//IEEE. Sixth IEEE International Symposium on Network Computing and Applications. Cambridge: IEEE, 2007: 33-44.

[82] Alonso J, Matias R, Vicente E, et al. A comparative experimental study of software rejuvenation overhead [J]. Performance Evaluation, 2013, 70 (3): 231-250.

[83] Matias R, Trivedi K S, Maciel P R M. Using accelerated life tests to estimate time to software aging failure[C]//IEEE. 2010 IEEE 21st International Symposium on Software Reliability Engineering. San Jose: IEEE, 2010: 211-219.

[84] Matias R, Barbetta P A, Trivedi K S. Accelerated degradation tests applied to software aging experiments[J]. IEEE Transactions on Reliability, 2010, 59(1): 102-114.

[85] Candea G, Cutler J, Fox A, et al. Reducing recovery time in a small recursively restartable system [C]//IEEE. Proceedings International Conference on Dependable Systems and Networks. Washington: IEEE, 2002: 605-614.

[86] Candea G, Kawamoto S, Fujiki Y, et al. Microreboot-A technique for cheap recovery[C]//USENIX Proc. Symp. on Operating Systems Design & Implementation. San Francisco: USENIX, 2004: 31-44.

[87] Sundaram V, HomChaudhuri S, Garg S, et al. Improving dependability using shared supplementary memory and opportunistic micro rejuvenation in multi-tasking embedded systems [C]//IEEE. 13th Pacific Rim International Symposium on Dependable Computing. Melbourne: IEEE, 2007: 240-247.

[88] Tai A T, Tso K S, Sanders W H, et al. A performability-oriented software

rejuvenation framework for distributed applications [C]//IEEE. Proceedings International Conference on Dependable Systems and Networks. Yokohama: IEEE, 2005: 570-579.

[89] Bobbio A, Sereno M, Anglano C. Fine grained software degradation models for optimal rejuvenation policies[J]. Performance Evaluation, 2001, 46(1): 45-62.

[90] Bond M D, McKinley K S. Tolerating memory leaks[J]. ACM Sigplan Notices, 2008, 43(10): 109-126.

[91] Gama K, Donsez D. Service coroner: a diagnostic tool for locating OSGI stale references[C]//IEEE. 34th Euromicro Conference on Software Engineering and Advanced Applications. Parma: IEEE, 2008: 108-115.

[92] Jeong J, Seo E, Choi J, et al. KAL: kernel-assisted non-invasive memory leak tolerance with a general-purpose memory allocator [J]. Software: Practice and Experience, 2010, 40(8): 605-625.

[93] Pfening A, Garg S, Puliafito A, et al. Optimal software rejuvenation for tolerating soft failures[J]. Performance Evaluation, 1996, 27: 491-506.

[94] Suzuki H, Dohi T, Kaio N, et al. Maximizing interval reliability in operational software system with rejuvenation[C]//IEEE. 14th International Symposium on Software Reliability Engineering. Denver: IEEE, 2003: 479-490.

[95] Koutras V P, Platis A N. Modeling perfect and minimal rejuvenation for client server systems with heterogeneous load [C]//IEEE. 14th IEEE Pacific Rim International Symposium on Dependable Computing. Taipei: IEEE, 2008: 95-103.

[96] Alonso J, Bovenzi A, Li J, et al. Software rejuvenation-do IT & Telco industries use it? [C]//IEEE. 2012 IEEE 23rd International Symposium on Software Reliability Engineering Workshops. Dallas: IEEE, 2012: 299-304.

[97] Alcaltel-Lucent-OmniSwitch CLI reference guide. http://enterprise. alcatellucent. com/docs/? id=19012.

[98] Avaya-avaya servers and media gateways-software failure recovery. http:// downloads. avaya. com/css/P8/documents/100018347.

［99］Apache HTTP server-MPM worker. http：//httpd. Apache. org/docs/2. 4/mod/ worker. html.

［100］Castelli V, Harper R E, Heidelberger P, et al. Proactive management of software aging［J］. IBM Journal of Research & Development, 2001, 45(2)：311-332.

［101］Microsoft IIS 6. 0 Server. http：//www. microsoft. com/technet/proC4. 5echnol/ WindowsServer2003/Library/IIS/6f66808c-230c-4b0e-a922-42318a3095e1. mspx.

［102］ORACLE DBMS_CONNECTION_POOL. http：//docs. oracle. com/cd/B28359_ 01/appdev. 111/b28419/ d_connection_pool. htm.

［103］JBoss database connection pool（DBCP）. http：//docs. jboss. org/jbossWeb/ 2. 1. x/printer/jndidatasource-examples-howto. html.

［104］Dowson M. The Ariane 5 software failure［J］. ACM SIGSOFT Software Engineering Notes, 1997, 22(2)：84.

［105］Marshall E. Fatal error：how Patriot overlooked a scud［J］. Science(New York, NY), 1992, 255(5050)：1347.

［106］Wallace D R, Kuhn D R. Failure modes in medical device software：an analysis of 15 years of recall data［J］. International Journal of Reliability, Quality and Safety Engineering, 2001, 8(4)：351-371.

［107］Avizienis A. Design of fault-tolerant computers［C］//AFIPS. Proceedings of the Fall Joint Computer Conference. Washington：Thompson, 1967：733-743.

［108］Avizienis A, Chen L. On the implementation of N-version programming for software fault tolerance during execution［C］//IEEE. Proc. IEEE COMPSAC. ［s. l. ］：IEEE, 1977：149-155.

［109］Denton J W. How good are neural networks for causal forecasting?［J］. The Journal of Business Forecasting, 1995, 14(2)：17-20.

［110］Taskaya T, Casey M C. A comparative study of autoregressive neural network hybrids［J］. Neural Networks, 2005, 18(5)：781-789.

［111］Nowakowska E. Modeling in a multicollinear setup：determinants of SVR advantage［J］. Model Assisted Statistics and Applications, 2010, 5（4）：

219-233.

[112]Chen X E, Quan Q, Jia Y F, et al. A threshold autoregressive model for software aging[C]//IEEE. The Second IEEE International Workshop on Service-Oriented System Engineering. Shanghai：IEEE, 2006：34-40.

[113]El-Shishiny H, Sobhy Deraz S, Badreddin O B. Mining software aging：a neural network approach[C]//IEEE. IEEE Symposium on Computers and Communications. Marrakech(Morocco)：IEEE, 2008：182-187.

[114]Xue K X, Su L, Jia Y F, et al. A neural network approach to forecasting computing-resource exhaustion with workload [C]//IEEE. 2009 Ninth International Conference on Quality Software. Jeju：IEEE, 2009：315-324.

[115] Netcraft. http：//news. netcraft. com/archives/2013/04/02/april-2013-Web-server-survey. html.

[116]Box G E P, Jenkins G M, Reinsel G C. Time series analysis：forecasting and control[M]. [s. l.]：John Wiley & Sons, 2013.

[117] Tsay R S, Tiao G C. Consistent estimates of autoregressive parameters and extended sample autocorrelation function for stationary and nonstationary ARMA models[J]. Journal of the American Statistical Association, 1984, 79(385)：84-96.

[118]Brockwell P J. Introduction to time series and forecasting[M]. [s. l.]：Taylor & Francis, 2002：35-38.

[119] Enders W. Applied econometric time series [M]. [s. l.]：John Wiley & Sons, 2008.

[120] Dohi T, Goeva-Popstojanova K, Trivedi K. Estimating software rejuvenation schedules in high-assurance systems[J]. The Computer Journal, 2001, 44(6)：473-485.

[121] Garg S, Puliafito A, Telek M, et al. Analysis of software rejuvenation using Markov regenerative stochastic Petri net [C]//IEEE. Sixth International Symposium on Software Reliability Engineering. Toulouse：IEEE, 1995：180-187.

[122] Dohi T, Goseva-Popstojanova K, Trivedi K S. Statistical non-parametric algorithms to estimate the optimal software rejuvenation schedule[C]//IEEE. Proceedings. 2000 Pacific Rim International Symposium on the Dependable Computing. Los Angeles: IEEE, 2000: 77-84.

[123] Bao Y, Sun X, Trivedi K S. Adaptive software rejuvenation: degradation model and rejuvenation scheme [C]//IEEE. 2003 International Conference on Dependable Systems and Networks. San Francisco, 2003: 241-248.

[124] Maezejak A, Silva L. Using machine learning for non-intrusive modeling and prediction of software aging[C]//IEEE. NOMS 2008. Salvador: IEEE, 2008: 25-32.

[125] Fox A, Patterson D. When does fast recovery trump high reliability[C]//2nd Workshop on Evaluating and Architecting System Dependability. San Jose: [s. n.], 2002: 1-9.

[126] Mcculloch W S, Pitts W. A logical calculus of the ideas immanent in nervous activity[J]. The Bulletin of Mathematical Biophysics, 1943, 5(4): 115-133.

[127] Alonso J, Torres J, Berral J L, et al. Adaptive on-line software aging prediction based on machine learning [C]//IEEE. 2010 IEEE/IFIP International Conference on Dependable Systems and Networks. Chicago: IEEE, 2010: 507-516.

[128] Magalhaes J P, Silva L M. Prediction of performance anomalies in web-applications based-on software aging scenarios[C]//IEEE. 2010 IEEE Second Int'l. Workshop on Software Aging and Rejuvenation. San Jose: IEEE, 2010: 1-7.

[129] Li S, Yong Q. Software aging detection based on NARX model[C]//IEEE. 2012 Ninth Web Information Systems and Applications Conference. Haikou: IEEE, 2012: 105-110.

[130] Ediger V S, Akar S. ARIMA forecasting of primary energy demand by fuel in Turkey[J]. Energy Policy, 2007, 35(3): 1701-1708.

[131] Zhang G, Patuwo B E, Hu M Y. Forecasting with artificial neural networks: the

state of the art[J]. International Journal of Forecasting, 1998, 14(1): 35-62.

[132] Miao Q, Wang S F. Nonlinear model predictive control based on support vector regression[C]//IEEE. Proceedings. 2002 International Conference on Machine Learning and Cybernetics. Beijing: IEEE, 2002: 1657-1661.

[133] Giordano F, La Rocca M, Perna C. Forecasting nonlinear time series with neural network sieve bootstrap[J]. Computational Statistics & Data Analysis, 2007, 51 (8): 3871-3884.

[134] Jain A, Kumar A M. Hybrid neural network models for hydrologic time series forecasting[J]. Applied Soft Computing, 2007, 7(2): 585-592.

[135] Fishwick P A. Neural network models in simulation: a comparison with traditional modeling approaches[C]//ACM. Proceedings of the 21st Conference on Winter Simulation. New York: ACM, 1989: 702-709.

[136] Zhang G P. Time series forecasting using a hybrid ARIMA and neural network model[J]. Neurocomputing, 2003, 50: 159-175.

[137] Sharkey A J C. Types of multinet system[M]//Roli F, Kittler J. Multiple Classifier Systems. Berlin: Springer Berlin Heidelberg, 2002: 108-117.

[138] Van D V M, Dougherty M, Watson S. Combining Kohonen maps with ARIMA time series models to forecast traffic flow[J]. Transportation Research Part C: Emerging Technologies, 1996, 4(5): 307-318.

[139] Markham I S, Rakes T R. The effect of sample size and variability of data on the comparative performance of artificial neural networks and regression [J]. Computers & Operations Research, 1998, 25(4): 251-263.

[140] Balabin R M, Lomakina E I. Support vector machine regression (SVR/LS-SVM)—an alternative to neural networks (ANN) for analytical chemistry? Comparison of nonlinear methods on near infrared (NIR) spectroscopy data[J]. Analyst, 2011, 136(8): 1703-1712.

[141] Hibon M, Evgeniou T. To combine or not to combine: selecting among forecasts and their combinations[J]. International Journal of Forecasting, 2005, 21(1): 15-24.

[142] Terui N, Van D H K. Combined forecasts from linear and nonlinear time series models[J]. International Journal of Forecasting, 2002, 18(3): 421-438.

[143] Granger C W J. Invited review combining forecasts—twenty years later [J]. Journal of Forecasting, 1989, 8(3): 167-173.

[144] Perrone M P, Cooper L N. When networks disagree: ensemble methods for hybrid neural networks[M]. [s. l.]: Defense Technical Information Center, 1992.

[145] Vapnik V, Lerner A J. Generalized portrait method for pattern recognition[J]. Automation and Remote Control, 1963, 24(6): 774-780.

[146] Bishop C M. Pattern recognition and machine learning [M]. [s. l.]: springer, 2006.

[147] Vapnik V N. Estimation of dependences based on empirical data[M]. Berlin: Springer Science & Business Media, 2006.

[148] Vapnik V. The nature of statistical learning theory[M]. Berlin: Springer Science & Business Media, 2013.

[149] Boser B E, Guyon I M, Vapnik V N. A training algorithm for optimal margin classifiers [C]//ACM. Proceedings of the Fifth Annual Workshop on Computational Learning Theory. New York: ACM, 1992: 144-152.

[150] Cortes C, Vapnik V. Support-vector networks[J]. Machine Learning, 1995, 20(3): 273-297.

[151] Scholkopf B, Burges C, Vapnik V. Incorporating invariances in support vector learning machines[M]. Berlin: Springer Berlin Heidelberg, 1996: 47-52.

[152] Vapnik V, Golowich S E, Smola A. Support vector method for function approximation, regression estimation, and signal processing [J]. Advances in Neural Information Processing Systems, 1997: 281-287.

[153] Muller K R, Smola A J, Ratsch G, et al. Predicting time series with support vector machines[M]. Berlin: Springer Berlin Heidelberg, 1997: 999-1004.

[154] Drucker H, Burges C J C, Kaufman L, et al. Support vector regression machines [J]. Advances in Neural Information Processing Systems, 1997, 9: 155-161.

[155] Smola A J, Scholkopf B. A tutorial on support vector regression[J]. Statistics

245

and Computing, 2004, 14(3): 199-222.

[156] Mattera D, Haykin S. Support vector machines for dynamic reconstruction of a chaotic system [M]//Burges C J C, Bernhard S, Smola A J. Advances in Kernel Methods. Cambridge: MIT Press, 1999: 211-241.

[157] Cristianini N, Shawe-Taylor J. An introduction to support vector machines and other kernel-based learning methods [M]. Cambridge: Cambridge University Press, 2000.

[158] Vapnik V. Statistical learning theory [M]. New York: Wiley, 1998.

[159] Cao L J, Keerthi S S, Ong C J, et al. Parallel sequential minimal optimization for the training of support vector machines [J]. IEEE Trans. Neural Networks, 2006, 17(4): 1039-1049.

[160] Alonso J, Goiri I, Guitart J, et al. Optimal resource allocation in a virtualized software aging platform with software rejuvenation [C]//IEEE. IEEE 22nd International Symposium on Software Reliability Engineering. Hiroshima: IEEE, 2011: 250-259.

[161] Hua X, Guo C, Wu H, et al. Schedulability analysis for real-time task set on resource with performance degradation and dual-level periodic rejuvenations [J]. IEEE Transactions on Computers, 2017, 66(3): 553-559.

[162] Kula R G, German D M, Ishio T, et al. An exploratory study on library aging by monitoring client usage in a software ecosystem [C]//IEEE. International Conference on Software Analysis. Klagenfurt: IEEE, 2017.

[163] Yohannese C W, Li T. A combined-learning based framework for improved software fault prediction [J]. International Journal of Computational Intelligence Systems, 2017, 10(1): 647.

[164] Yakhchi M, Alonso J, Fazeli M, et al. Neural network based approach for time to crash prediction to cope with software aging [J]. Journal of Systems Engineering and Electronics, 2015, 26(2): 407-414.

[165] Machida F, Xiang J, Tadano K, et al. Lifetime extension of software execution subject to aging [J]. IEEE Transactions on Reliability, 2016: 123-134.

[166] Machida F, Miyoshi N . Analysis of an optimal stopping problem for software rejuvenation in a deteriorating job processing system[J]. Reliability Engineering & System Safety, 2017, 168: 128-135.

[167] Santiago T A, Juan F, Antonio P I J, et al. AMSOM: artificial metaplasticity in SOM neural networks—application to MIT-BIH arrhythmias database[J]. Neural Computing & Applications, 2018: 1-8.

[168] 苏莉, 陈鹏飞, 齐勇, 等. 贝叶斯证据框架下最小二乘支持向量机的软件老化检测方法[J]. 西安交通大学学报, 2013, 47(8): 12-18.

[169] Chen P F, Qi Y, Hou D. CHAOS: accurate and realtime detection of aging-oriented failure using entropy[J]. ArXiv, 2015: 1-15.

[170] Simeonov D, Avresky D R. Proactive software rejuvenation based on machine learning techniques [M]//Avresky D R, Diaz M, Bode A, et al. Cloud Computing. Berlin: Springer Berlin Heidelberg, 2010: 186-200.

[171] Geman S, Bienenstock E, Doursat R. Neural networks and the bias/variance dilemma[J]. Neural Computation, 1992, 4(1): 1-58.

[172] Hu J, Beaulieu N C. Performance analysis of decode-and-forward relaying with selection combining[J]. Communications Letters, 2007, 11(6): 489-491.

[173] Guyon I, Elisseeff A. An introduction to variable and feature selection[J]. The Journal of Machine Learning Research, 2003, 3: 1157-1182.

[174] Mao K Z. Orthogonal forward selection and backward elimination algorithms for feature subset selection [J]. IEEE Transactions on Systems, Man, and Cybernetics, Part B: Cybernetics, 2004, 34(1): 629-634.

[175] Hochreiter S, Obermayer K. Nonlinear feature selection with the potential support vector machine [M]//Guyon I, Nikravesh M, Gunn S, et al. Feature Extraction. Berlin: Springer Berlin Heidelberg, 2006: 419-438.

[176] Blanchet F G, Legendre P, Borcard D. Forward selection of explanatory variables [J]. Ecology, 2008, 89(9): 2623-2632.

[177] Wernick M N, Yang Y, Brankov J G, et al. Machine learning in medical imaging [J]. Signal Processing Magazine, 2010, 27(4): 25-38.

［178］Quinlan J R. C4. 5：programs for machine learning ［M］. ［s. l. ］：Elsevier, 2014.

［179］Sathyadevan S, Nair R R. Comparative analysis of decision tree algorithms：ID3, C4. 5 and random forest［M］. ［s. l. ］：Springer India, 2015：549-562.

［180］Dincer I, Cengel Y A. Energy, entropy and exergy concepts and their roles in thermal engineering［J］. Entropy, 2001, 3(3)：116-149.

［181］Araujo J, Matos R, Alves V, et al. Software aging in the eucalyptus cloud computing infrastructure：characterization and rejuvenation［J］. ACM Journal on Emerging Technologies in Computing Systems (JETC), 2014, 10(1)：11.

［182］Jia Y F, Zhou Z Q, Xue K X, et al. Using neural networks to forecast available system resources：an approach and empirical investigation ［J］. International Journal of Software Engineering and Knowledge Engineering, 2015, 25 (4)：781-802.

［183］Laradji I H, Alshayeb M, Ghouti L. Software defect prediction using ensemble learning on selected features［J］. Information and Software Technology, 2015, 58：388-402.

［184］Wahono R S. Integrasi bagging dan greedy forward selection pada prediksi cacat software dengan menggunakan naive Bayes［J］. Journal of Software Engineering, 2015, 1(2)：101-108.

［185］Gulenko A, Wallschläger M, Schmidt F, et al. A system architecture for real-time anomaly detection in large-scale NFV systems ［J］. Procedia Computer Science, 2016, 94：491-496.

［186］Braga-Neto U. Small-sample error estimation：mythology versus mathematics ［C］//Optics & Photonics 2005. ［s. l. ］：International Society for Optics and Photonics, 2005：11.

［187］Zollanvari A, Braga-Neto U M, Dougherty E R. On the sampling distribution of resubstitution and leave-one-out error estimators for linear classifiers［J］. Pattern Recognition, 2009, 42(11)：2705-2723.

［188］Kim J H. Estimating classification error rate：repeated cross-validation, repeated hold-out and bootstrap[J]. Computational Statistics & Data Analysis, 2009, 53 (11): 3735-3745.

[189]Bengio Y, Grandvalet Y. No unbiased estimator of the variance of k-fold cross-validation[J]. Journal of Machine Learning Research, 2004(5): 1089-1105.

[190]Efron B. Bootstrap methods: another look at the jackknife[M]. Breakthroughs in Statistics. New York: Springer New York, 1992: 569-593.

[191]Kohavi R. A study of cross-validation and bootstrap for accuracy estimation and model selection [C]//IJCAI International Joint Conference on Artificial Intelligence. Montreal: IJCAI, 1995: 1137-1145.

[192]Pohlert T. The pairwise multiple comparison of mean ranks package (PMCMR) [J]. R Package, 2014: 2004-2006.

[193]Iman R L, Davenport J M. Approximations of the critical region of the fbietkan statistic[J]. Communications in Statistics-Theory and Methods, 1980, 9(6): 571-595.

[194]Ficco M, Pietrantuono R, Russo S. Aging-related performance anomalies in the apache storm stream processing system [J]. Future Generation Computer Systems, 2018, 86: 975-994.

[195]Pai P F, Lin C S. A hybrid ARIMA and support vector machines model in stock price forecasting[J]. Omega, 2005, 33(6): 497-505.

[196]Eymen A, Köylü Ü. Seasonal trend analysis and ARIMA modeling of relative humidity and wind speed time series around Yamula Dam[J]. Meteorology & Atmospheric Physics, 2019, 131(3): 601-612.

[197]Hippert H S, Pedreira C E, Souza R C. Neural networks for short-term load forecasting: a review and evaluation[J]. IEEE Transactions On Power Systems, 2001, 16(1): 44-55.

[198]Heravi S, Osborn D R, Birchenhall C R . Linear versus neural network forecasts for European industrial production series [J]. International Journal of Forecasting, 2004, 20(3): 435-446.

[199]Ümit Çavuş Büyükşahin, Şeyda Ertekin. Improving forecasting accuracy of time

series data using a new ARIMA-ANN hybrid method and empirical mode decomposition[J]. Neurocomputing, 2019, 361: 151-163.

[200] Wu C L, Chau K W, Fan C. Prediction of rainfall time series using modular artificial neural networks coupled with data-preprocessing techniques[J]. Journal of Hydrology, 2010, 389(1-2): 146-167.

[201] Viedma D T, Rivas A, Charteojeda F, et al. A first approximation to the effects of classical time series preprocessing methods on LSTM accuracy [M]. Switzerland: Springer, Cham, 2019.

[202] Crone S F, Hibon M, Nikolopoulos K. Advances in forecasting with neural networks? Empirical evidence from the NN3 competition on time series prediction [J]. International Journal of Forecasting, 2011, 27(3): 635-660.

[203] Han S, Pool J, Tran J, et al. Learning both weights and connections for efficient neural network [C]//NIPS. In Advances in Neural Information Processing Systems. Montreal : NIPS, 2015: 1135-1143.

[204] KaastraI, Boyd M. Designing a neural network for forecasting financial and economic time series[J]. Neurocomputing, 1996, 10 (3): 215-236.

[205] Chen Y, Bo Y, Dong J. Time-series prediction using a local linear wavelet neural network[J]. Neurocomputing, 2006, 69(4/6): 449-465.

[206] Jain A, Kumar A M. Hybrid neural network models for hydrologic time series forecasting[J]. Applied Soft Computing, 2007, 7(2): 585-592.

[207] Menezes Jr J M P, Barreto G A. Long-term time series prediction with the NARX network: an empirical evaluation [J]. Neurocomputing, 2008, 71 (16-18): 3335-3343.

[208] Wang L, Zeng Y, Chen T. Back propagation neural network with adaptive differential evolution algorithm for time series forecasting[J]. Expert Systems with Applications, 2015, 42(2): 855-863.

[209] Umesh I M, Srinivasan G N, Torquato M. Software aging forecasting using time series model [J]. Indonesian Journal of Electrical Engineering and Computer Science, 2017, 7(3): 839-845.

［210］Mohan B R. Resource usage prediction based on ARIMA-ARCH model for virtualized server system［J］. International Journal of Geomate, 2017, 12(33): 139-146.

［211］Li J, Qi Y, Cai L. A hybrid approach for predicting aging-related failures of software systems［C］//IEEE. 2018 IEEE Symposium on Service-Oriented System Engineering (SOSE). Bamberg: IEEE, 2018: 96-105.

［212］Liu J, Meng L. Integrating artificial bee colony algorithm and BP neural network for software aging prediction in Iot environment［J］. IEEE Access, 2019, 7: 32941-32948.

［213］Landauer M, Wurzenberger M, Skopik F, et al. Time series analysis: unsupervised anomaly detection beyond outlier detection［C］//ISPCE. International Conference on Information Security Practice and Experience. Tokyo: Springer, Cham, 2018: 19-36.

［214］Hoerl A E, Kennard R W. Ridge regression: biased estimation for nonorthogonal problems［J］. Technometrics, 1970, 12(1): 55-67.

［215］Gardner M W, Dorling S R. Artificial neural networks (the multilayer perceptron)—a review of applications in the atmospheric sciences［J］. Atmospheric Environment, 1998, 32(14-15): 2627-2636.

［216］Merh N, Saxena V P, Pardasani K R. A comparison between hybrid approaches of ANN and ARIMA for Indian stock trend forecasting［J］. Business Intelligence Journal, 2010, 3(2): 23-43.

［217］Chen X, Racine J, Swanson N R. Semiparametric ARX neural-network models with an application to forecasting inflation［J］. IEEE Transactions on Neural Networks, 2001, 12(4): 674-683.

［218］Loke M H, Barker R D. Rapid least-squares inversion of apparent resistivity pseudosections by a quasi-Newton method 1［J］. Geophysical Prospecting, 1996, 44(1): 131-152.

［219］Deb K, Pratap A, Agarwal S, et al. A fast and elitist multiobjective genetic algorithm: NSGA-II［J］. IEEE Transactions on Evolutionary Computation, 2002, 6(2): 182-197.

［220］Krishnanand K N, Ghose D. Glowworm swarm optimization for simultaneous capture of multiple local optima of multimodal functions［J］. Swarm Intelligence, 2009, 3(2): 87-124.

［221］Nagelkerke N J D. A note on a general definition of the coefficient of determination［J］. Biometrika, 1991, 78(3): 691-692.

［222］Yan Y, Guo P, Cheng B, et al. An experimental case study on the relationship between workload and resource consumption in a commercial web server［J］. Journal of Computational Science, 2018, 25: 183-192.

［223］Xiang J, Weng C, Zhao D, et al. Software aging and rejuvenation in Android: new models and metrics［J］. Software Quality Journal, 2019: 1-22.

［224］Torquato M, Vieira M. An experimental study of software aging and rejuvenation in dockerd［C］//IEEE. 2019 15th European Dependable Computing Conference (EDCC). Naples: IEEE, 2019: 1-6.

［225］Kuremoto T, Obayashi M, Yamamoto A, et al. Predicting chaotic time series by reinforcement learning ［C］//CIRAS. Proceedings of the 2nd International Conference on Computational Intelligence, Robotics, and Autonomous Systems. Singapore: ［s. n.］, 2003: 15-18.

［226］Hinton G E, Osindero S, Teh Y W. A fast learning algorithm for deep belief nets ［J］. Neural Computation, 2006, 18(7): 1527-1554.

［227］Cheng C, Sa-Ngasoongsong A, Beyca O, et al. Time series forecasting for nonlinear and non-stationary processes: a review and comparative study［J］. Iie Transactions, 2015, 47(10): 1053-1071.

［228］Fischer A, Igel C. Training restricted Boltzmann machines: an introduction［J］. Pattern Recognition, 2014, 47(1): 25-39.

［229］Islam S, Keung J, Lee K, et al. Empirical prediction models for adaptive resource provisioning in the cloud［J］. Future Generation Computer Systems, 2012, 28(1): 155-162.

［230］Uma M, Chakraborty P S. Neural network prediction based dynamic resource scheduling for cloud system［J］. International Journal on Recent and Innovation Trends in Computing and Communication, 2016, 4(3): 474-477.

[231] Huang Q, Shuang K, Xu P, et al. Prediction-based dynamic resource scheduling for virtualized cloud systems[J]. Journal of Networks, 2014, 9(2): 375.

[232] Kaur G, Bala A. An efficient resource prediction-based scheduling technique for scientific applications in cloud environment[J]. Concurrent Engineering, 2019, 27(2): 112-125.

[233] Kumar J, Singh A K, Buyya R. Ensemble learning based predictive framework for virtual machine resource request prediction[J]. Neurocomputing, 2020, 397: 20-30.

[234] Gadhavi L J, Bhavsar M D. Efficient resource provisioning through workload prediction in the cloud system [M]. Smart Trends in Computing and Communications. Singapore: Springer, Singapore, 2020: 317-325.

[235] Kaur G, Bala A, Chana I. An intelligent regressive ensemble approach for predicting resource usage in cloud computing [J]. Journal of Parallel and Distributed Computing, 2019, 123: 1-12.

[236] Mocanu E, Nguyen P H, Gibescu M, et al. Deep learning for estimating building energy consumption[J]. Sustainable Energy, Grids and Networks, 2016, 6: 91-99.

[237] Kohonen T. Exploration of very large databases by self-organizing maps [C]// IEEE. Proceedings of International Conference on Neural Networks. Houston: IEEE, 1997, 1: PL1-PL6.

[238] Kuremoto T, Kimura S, Kobayashi K, et al. Time series forecasting using a deep belief network with restricted Boltzmann machines[J]. Neurocomputing, 2014, 137: 47-56.

[239] Geng Z, Li Z, Han Y. A new deep belief network based on RBM with glial chains [J]. Information Sciences, 2018, 463: 294-306.

[240] Hinton G E. Training products of experts by minimizing contrastive divergence [J]. Neural Computation, 2002, 14(8): 1771-1800.

[241] Rumelhart D E, Hinton G E, Williams R J. Learning representations by back-propagating errors[J]. Nature, 1986, 323(6088): 533-536.